全国革命老区县发展史丛书——山西卷

稷山县革命老区发展史

《稷山县革命老区发展史》编委会 编

山西出版传媒集团　山西人民出版社

图书在版编目（CIP）数据

稷山县革命老区发展史 ／《稷山县革命老区发展史》编委会 编．－－ 太原 ：山西人民出版社，2020.5
ISBN 978-7-203-12118-3

Ⅰ.①稷… Ⅱ.①稷… Ⅲ.①稷山县－地方史 Ⅳ.①B82-053

中国版本图书馆CIP数据核字（2020）第063302号

稷山县革命老区发展史

著　　　者	《稷山县革命老区发展史》编委会
责任编辑	员荣亮
复　　　审	吕绘元
终　　　审	秦继华
装帧设计	尹慧娟
出　版　者	山西出版传媒集团·山西人民出版社
地　　　址	太原市建设南路21号
邮　　　编	030012
发行营销	0351-4922220　4955996　4956039　4922127（传真）
天猫官网	https：//sxrmcbs.tmall.com　电话 0351-4922159
E－mail	sxskcb@163.com　发行部
	sxskcb@126.com　总编室
网　　　址	www.sxsxkcb.com
经　销　者	山西出版传媒集团·山西人民出版社
承　印　厂	山西万佳印业有限公司
开　　　本	787mm×1092mm　1/16
印　　　张	18.75
字　　　数	200千字
印　　　数	1—2500册
版　　　次	2021年10月　第1版
印　　　次	2021年10月　第1次印刷
书　　　号	ISBN 978-7-203-12118-3
定　　　价	120.00元

如有印装质量问题请与本社联系调换

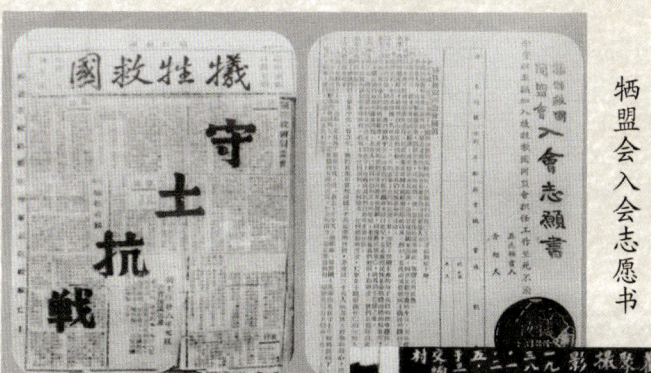

牺盟会机关刊物《牺牲救国》创刊号

牺盟会入会志愿书

1938年12月5日怒吼剧团在清河镇三交村演出时与牺盟会领导合影（前排右四为牺盟会领导吕光辰，左二为剧团团长骆真）

八路军火线剧团演出结束后合影留念

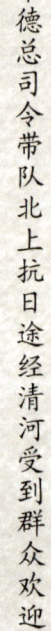
朱德总司令带队北上抗日途经清河受到群众欢迎

1936年9月，朱德总司令率八路军北上抗日时在清河北阳城村居住的院子

1936年9月，八路军总部北上抗日时在清河北阳城村驻村大院

1936年9月18日,朱德总司令在清河北阳城村驻地的办公室

朱德总司令在二高讲台上给师生讲话

刘伯承同志向清河欢迎群众讲话

坑东村日军炮楼遗址及枪击弹痕

1938年我县游击支队收复县城时缴获的日军战马

稷山县坑东村自卫战战场西侧地形、地貌

李永秀、郭兆瑛、王守业三任县委书记以经商、修车为掩护，长期在清河村领导全县党的活动和对敌斗争

当年的自行车修理铺

当年的凉粉摊

陈兴华家窑洞，当年地下党活动的场所

稷山县国民政府旧址远景

贾炳离领导清河村群众进行反贪污斗争

召开群众大会,宣传减租减息政策

清河村群众搞合理负担与地主斗争

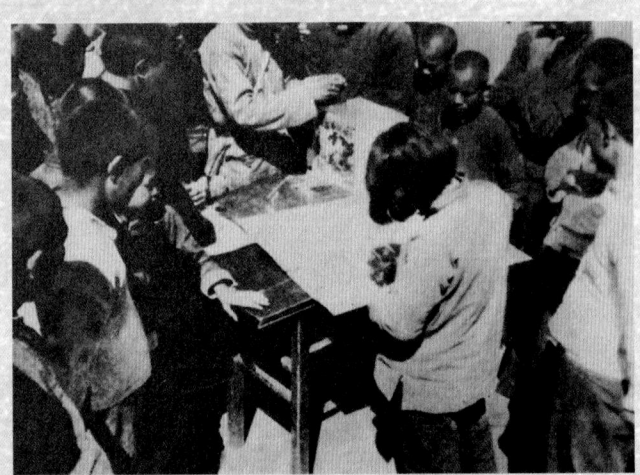
开展民主选举选出基层政权领导人

选民们在进行选举

全国重点文物保护单位稷山县大佛寺全景

全国重点文物保护单位稷山县稷王庙

稷山县古战场玉壁城遗址

全国重点文物保护单位稷山县宋金墓群全景

全国重点文物保护单位稷山县青龙寺鸟瞰

全国重点文物保护单位稷山县法王庙戏台

全国重点文物保护单位稷山北阳城砖塔

稷王山上稷王塔

万亩板枣园观景台

稷山县万亩板枣园鸟瞰

城西民乐园鸟瞰

城东水系民悦园全景

新建成的稷山县稷王中学全貌

新建成的稷山县育英小学全景

稷山县人民医院住院大楼

稷山县康宁护理院及老年医院

昔日的抗日前哨，今日的富裕乡村——革命老区村沙沟村鸟瞰

革命老区村清河村鸟瞰

革命老区村高渠村鸟瞰

革命老区村杨赵村门楼及红红火火的杨赵灯笼产业

革命老区村南阳村鸟瞰

南阳村支村委办公大楼

稷山县新农村建设的典范——革命老区村马家巷村全貌

完成村庄整体搬迁的革命老区村——石佛沟村鸟瞰

稷山县委办公大楼

稷山县人民政府办公大楼

稷山县稷峰文化广场

马家巷村民自筹资金兴建的红色革命教育基地

稷山经济开发区西社循环经济工业园区全貌

稷山经济开发区翟店纸包装文化产业园

稷山县纳税龙头企业山西东方资源有限公司花园式的厂区

稷山县上市企业山西永东化工有限公司厂区一角

翟店纸包装文化产业园区综合服务大楼

稷山县翟店纸包装文化产业园区纸箱生产厂一角

山西晋龙集团现代化蛋鸡养殖厂鸡蛋清洗生产线

丰收后的稷山板枣

走上春晚和北京奥运会的国家级非物质文化遗产稷山高台花鼓

国家级非物质文化遗产稷山阳城走兽

国家级非物质文化遗产稷山坞堆金银器和仿古工艺品展台

国家级非物质文化遗产稷山螺钿漆器

国家级非物质文化遗产稷山四味坊麻花包装车间

稷山名优特产稷山饼子

稷山县创作的《铁面御史姚天福》剧照

《稷山县革命老区发展史》编纂委员会

名誉主任：吴　宣　王　润

主　　任：郭崇学

副主任：徐水泉　黄伟祖　辛启成

委　　员：薛德庆　黄凤山

主　　编：郭崇学

副主编：徐水泉　黄伟祖　辛启成

编　　委：薛德庆　黄凤山　兰金安

摄　　影：栗卢建

文　　校：宁克仁

目　　录

总　　序 1

序 4

编写说明 8

稷山概况 1

第一编　稷山革命老区的创建 9

第一章　早期革命活动和党组织创建 9

第一节　星星之火　可以燎原 9

第二节　抗日烽火中革命力量的壮大 11

第二章　牺牲救国同盟会稷山分会 13

第一节　利用合法身份　发展党的组织 13

第二节　扩大组织　蓄积力量 14

第三章　党领导的稷山县抗日救亡运动 15

第一节　宣传引导　发动群众 15

第二节　组织介入　合理斗争 16

第四章 党领导的稷山县抗日武装 17

第一节 建立我党的第一支武装力量 17

第二节 以少胜多 以弱胜强 18

第五章 稷山党组织的隐蔽战线斗争 19

第一节 贯彻上级指示 职业掩护革命 19

第二节 精心组织派遣打入 开辟第二战场 20

第三节 创建红色交通 确保上下通达 21

第六章 稷山县基层党组织的发展壮大 22

第一节 抓紧时机 发展壮大 22

第二节 长期隐蔽 灵活斗争 22

第三节 巩固发展 迎接胜利 24

第七章 稷山老区革命斗争先行者 25

第一节 革命火种播撒者张汉民 25

第二节 "进化书社"的开办 29

第三节 中共山西特委阎子祥在稷山县的工作....31

第四节 中共稷山县支部成立 32

第五节 稷山县牺盟会 33

第六节 中共稷山县委创建 40

第七节 稷山县抗日游击支队 44

第八节　稷山县抗日武装的烽火历程 ················ 47

　　第九节　清河三高组建"怒吼剧团" ················ 58

　　第十节　中共稷山（汾南）县委成立 ················ 59

　　第十一节　稷山县抗日民主政府创立 ················ 60

　　第十二节　稷山县解放 ················ 62

第八章　稷山老区革命斗争薪火相传 ················ 68

　　第一节　朱总司令在稷山县的革命活动 ················ 68

　　第二节　左权将军在稷山夜写家书 ················ 71

　　第三节　红军东征回师途经稷山播撒革命火种 ···· 72

　　第四节　八路军稷山县革命活动二三事 ················ 74

　　第五节　中共稷山县委建立的曲折历程 ················ 75

　　第六节　"晋西事变"前稷山县党组织发展状况 . 79

　　第七节　稷山县地下革命斗争 ················ 82

　　第八节　清河村革命斗争回眸 ················ 86

　　第九节　马家巷村的抗日斗争 ················ 90

　　第十节　稷山县东关地下交通站 ················ 93

　　第十一节　开辟稷山县抗日游击根据地 ················ 96

　　第十二节　地下革命斗争的峥嵘岁月 ················ 100

第二编　社会主义革命和建设的砥砺前行 ……… 105

第一章　私有制改造　巩固新生人民政权 ………… 106

第二章　肃反援朝　捍卫新生革命政权 ……………… 108

第三章　矢志奋斗　政治经济社会全面发展 ……… 109

第四章　改革开放　老区生机勃发 …………………… 111

第三编　稷山革命老区日新月异 ……………………… 115

第一章　县域实力显著增强 ……………………………… 115

第一节　经济总量持续增长 …………………………… 115

第二节　产业结构趋于合理 …………………………… 116

第三节　财政实力明显增强 …………………………… 116

第四节　存贷款规模持续扩大 ………………………… 117

第五节　城镇化建设稳步推进 ………………………… 117

第二章　农村经济欣欣向荣 ……………………………… 118

第三章　县域工业强势崛起 ……………………………… 118

第四章　基础设施大幅改善 ……………………………… 119

第五章　消费市场持续活跃 ……………………………… 120

第六章　进出口规模不断扩大 …………………………… 120

第七章　交通运输日趋完善 ……………………………… 121

第八章　人民生活水平大幅提升 121

　　第九章　各项事业全面进步 122

第四编　稷山革命老区发展典型村掠影 127

　　第一章　稷峰镇杨赵村 127

　　第二章　稷峰镇马家巷村 132

　　第三章　西社镇沙沟村 135

　　第四章　太阳乡石佛沟村 141

　　第五章　稷峰镇西街村 144

　　第六章　清河镇清河村 149

　　第七章　西社镇马家沟村 153

　　第八章　稷峰镇南阳村 156

　　第九章　西社镇高渠村 161

　　第十章　稷峰镇东街村 166

第五编　稷山革命老区新时代新征程 173

　　第一章　概　述 173

　　第二章　稷山老区"十三五"计划纲要 175

第三章　战略任务和目标 183

　　第一节　以创新发展构筑产业发展新体系 183

　　第二节　以协调发展引领城乡建设 189

第四章　强力推进脱贫攻坚工作 216

附　录 **228**

　　一、稷山县大事记（1949 年至 2018 年）............. 228

　　二、稷山县老区建设促进会简介 272

后　记 280

总　序

在中华人民共和国成立 70 周年前夕，中国老区建设促进会王健会长请我为"全国革命老区县发展史丛书"作序，作为一名在老区战斗过并得到老区人民生死相助的老兵，回首往事，心潮澎湃，感慨万千，深感义不容辞。

中国革命老区，是以毛泽东为代表的中国共产党人在领导人民推翻帝国主义、封建主义和官僚资本主义三座大山，争取民族独立和人民解放伟大斗争中建立起来的革命根据地。在这片红色的土地上，诞生了无数可歌可泣的革命英雄儿女，为后人立起了一座座不朽的丰碑。革命老区，是新中国的摇篮，是党和人民军队的根。

在艰苦卓绝的战争年代，老区人民把自己的命运与中华民族的命运紧紧地联系在一起，与中国共产党和人民军队的命运紧紧地联系在一起，他们生死相依，患难与共。我亲历过战争年代，并得到过老区红哥红嫂的救助，切身感受到发生在身边的一幕幕感天动地的革命故事。在那极其艰难的条件下，老区人民倾其所有、破家支前，不怕艰难困苦，不怕流血牺牲。"最后一碗米送去做军粮，最后一尺布送去做军装，最后一件老棉袄盖在担架上，最后一个亲骨肉送去上战场"，这是当时伟大的老区人民为建立新中国做出巨大牺牲的真实写照，它将永远镌刻在中国共产党、中国人民解放军、中华人民共和国的历史丰碑上。他们的光辉业绩永载史册，他们的革命精神必将影响一代又一代的革命新人，造就一代又一代的民族脊梁。

在社会主义革命和建设时期，革命老区和老区人民响应党的号召，面对落后的面貌、脆弱的经济、恶劣的生态环境，本色不变，精神不丢，自力更生，艰苦奋斗，干一行爱一行。他们始终坚持"革命理想高于天"，自觉做共产主义远大理想的坚定信仰者和忠实实践者，勇于向恶劣的自然环境和贫穷落后宣战。他们在各条战线上为国建功立业，用平凡的双手创造了一个又一个不平凡的奇迹，彰显了老区人民的崇高精神和人格力量。

在改革开放的伟大进程中，老区人民解放思想，勇于创新，发奋图强，攻坚克难，老区的经济社会建设取得了辉煌成就。特别是在改变中国的面貌、中华民族的面貌、中国人民的面貌的伟大实践中发挥了至关重要的作用。老区人民既是改革开放的参与者，也是改革开放的推动者。

艰苦练意志，危难见精神。老区人民在近百年的革命战争、社会主义建设和改革开放的伟大实践中，孕育形成了伟大的老区精神：爱党信党、坚定不移的理想信念；舍生忘死、无私奉献的博大胸怀；不屈不挠、敢于胜利的英雄气概；自强不息、艰苦奋斗的顽强斗志；求真务实、开拓创新的科学态度；鱼水情深、生死相依的光荣传统。这是党和人民宝贵的精神财富、丰厚的政治资源，是凝心聚力、振奋民族精神的重要法宝，也是社会主义核心价值观的重要内容。

总　序

中国老区建设促进会怀着强烈的政治责任感和历史使命感，组织全国各地老促会人员克服困难，尽心竭力编撰"全国革命老区县发展史丛书"，记录老区的光辉历史和辉煌成就，传承红色基因，弘扬老区精神，是功在当代、利及千秋的一件大事。手捧这部丛书的部分书稿，读着书中的故事，倍感亲切，深感这部丛书具有资政、育人、存史的社会功能，有着重要的时代和历史价值。它是不忘初心、牢记使命的源头活水，是赞颂共产党、讴歌老区人民的一部精品力作，是弘扬老区精神、传承红色记忆的丰厚载体，是一项继承优秀传统文化、弘扬革命文化、发展社会主义先进文化、坚定"四个自信"的宏大文化工程。它必将成为一种文化品牌，为各界人士了解老区、宣传老区、支持老区提供一部有价值的研究史料。希望读者朋友们能从中了解并牢记这些为党和民族的利益不断奉献的老区人民，从中得到教益，汲取人生奋斗的精神动力。

新时代赋予新使命，新起点开启新征程。让我们更加紧密地团结在以习近平同志为核心的党中央周围，坚持以习近平新时代中国特色社会主义思想为指导，增强"四个意识"，坚定"四个自信"，做到"两个维护"，弘扬老区精神，铭记苦难辉煌，为实现"两个一百年"奋斗目标，实现中华民族伟大复兴的中国梦做出新的更大的贡献！

迟浩田

2019 年 4 月 11 日

序

《稷山县革命老区发展史》编委会

稷山县位于山西省西南部,运城市正北端,古称冀州,春秋属晋,战国属魏,唐属绛州,自北魏设县称稷山,迄今有1600多年。稷山是中华民族农耕文明的发祥地,农业始祖后稷教民稼穑于稷山。全县人口36万,国土面积686平方公里(1公里=1000米,下同),耕地58万亩(每亩为666.66平方米),辖7个乡(镇),200个行政村。

稷山县作为革命老区与中国共产党领导的革命斗争有着不可分割的鱼水之情和血肉联系,稷山是中国革命激流中的一朵浪花,稷山是革命斗争大熔炉中的一束星火,稷山人民为抗日战争、解放战争、夺取全国胜利、建立人民政权做出过自己的牺牲和贡献,在稷山发展史上留下了可歌可泣、熠熠生辉的一笔。

新中国成立70年来,特别是改革开放40年来,稷山革命老区人民在党和政府的英明领导及大力支持下,继承革命光荣传统,发扬革命年代那么一股劲,那么一种精神,不忘初心、牢记使命,艰苦奋斗,奋发图强,县域经济社

序

会持续发展,老区的整体面貌发生了巨大变化。

基础设施日趋完善。县域侯西铁路、侯禹高速、闻合高速、运吉高速、108国道、运稷一级路纵横交错。县城与7个乡(镇)之间形成15分钟交通圈、经济圈。境内水资源、电力、天然气、交通、金融、通信、排水、污水处理、餐饮服务等设施配套齐全。100%的老区村柏油路和水泥路四通八达;100%的老区村自来水进巷入户;100%的老区村电气化和农业机械化基本实现。长期困扰老区经济社会发展的行路难、饮水难、照明难、信息难、耕作难等"五难"问题,基本得到解决。

主导产业良性发展。坚持农业兴县,发展稷山板枣15.3万亩,年产5000万公斤。建成华北最大的鲜食葡萄生产基地和蛋鸡规模化养殖基地,荣获"全国农副产品深加工十强县"。着力工业强县,建成西社、翟店2个工业园区,发展规模以上工业企业21家,形成370万吨焦炭、100万吨生铁、100万吨钢材、60万吨锰铁、30万吨煤焦油、30万吨炭黑、4亿平方米纸合板等生产能力,锰铁产能产销居世界前列。推进三产富县,全县国内生产总值保持年均两位数增长比例,年均实现增加值40亿元,奠定发展新格局。其中老区村因地制宜,加快发展,三分之一以上的村发展成为各具特色的农副产品加工专业村,带动了老区人民勤劳致富。

民生幸福指数提升。县城规划建成文化活动中心、生态民乐园、稷王文化广场、城东水系、汾河公园、大佛文化园、5万亩板枣生态园等。国家文保单位稷王庙、青龙寺、大佛寺、法王庙、玉璧城遗址、北阳城砖塔等景点融入了"古中国·新运城"旅游线，诠释了后稷文化的深厚内涵。新型特色医疗、健康养老、低保社保稳步发展。普九教育、职业教育稳步推进，休闲娱乐、群众文化体育活动方兴未艾。全县多数老区村有舞台、有广场，儿童入学率达100%，义务教育普及率达99.98%，新农合参合率达95%。老区人民分享改革发展红利，获得空前的幸福感。

美丽乡村日新月异。老区扶贫攻坚、美丽乡村建设同步推进，老区村基本实现硬化、绿化、净化、亮化、美化。沙沟等12个村建有两委大楼，舞台广场、便民超市及医疗室、图书室、老年活动室，解决了群众出行、娱乐、就医、上学、购物等生活需求。马家巷等8个老区村建成集体聚餐和午间照料中心，为孤寡老人和留守儿童解除了后顾之忧，老区农村洋溢着浓浓乡情，焕发出勃勃生机。

尤其值得一记的是，稷山革命老区在中华版图上虽只区区一隅，在全国3000多个县市中只居其一，但在共和国的历史上，有三位党的最高领袖曾给予我们倾心关注。1960年，毛泽东主席对全国卫生模范稷山县太阳村做过"3·18"批示。1958年11月，毛主席品尝稷山老区南阳村群众敬送的稷山板枣后，连连称赞，随即转送给福建前线指战员。1985年6月19日，时任总书记胡耀邦视察稷山，亲笔题词"开拓前进，努力再翻番"，并赠送太阳村"熊猫"牌彩电；2017年，习近平总书记在视察山西重要讲话中强调"后稷教民稼穑于稷山"。这些都充分说明党中央对革命老区的高度重视和亲切关怀，足以使稷山老区人民引为自豪并转化为前进的动力。

稷山县老区建设促进会第四届理事会2017年11月

序

换届之后,适逢中国老区建设促进会为贯彻落实习近平总书记"发扬红色资源优势,深入进行党史、军史、老区革命史优良传统教育,把红色基因代代传下去"的重要指示,向全国征集编纂革命老区发展史丛书。理事会班子深感使命光荣,责任重大,任务艰巨,时不我待。随即成立编委会,拟定纲目,分解任务,班子成员各尽所能,身体力行。历时两年多时间,从大量散存的文件、史料、书刊中搜集遴选革命老区光辉历史的红色资料,结合现场考证,确证了更多的革命史实。写作过程中,力求去粗取精,去伪存真,以期全面展现稷山革命老区70多年的巨大变迁,复现稷山革命老区的红色资源,使革命英烈的伟岸形象再现于世,革命精神得以彰显,革命传统发扬光大。对历史负责,遂民众所愿,这是我们的应尽之责,也是我们把稷山建设成为"六基地一名城"、实现富民强县目标和中华民族伟大复兴的强大精神动力!

是为序。

2021年8月

编写说明

2017年6月，中国老区建设促进会组织全国各地老促会启动编纂"全国革命老区县发展史丛书"，按照"建立中国共产党、成立中华人民共和国、推进改革开放和中国特色社会主义事业"三大里程碑的历史脉络，系统书写革命老区百年历史，深入挖掘革命老区红色文化资源。这对于充实丰富中国革命史籍宝库，在新时代传承红色基因、弘扬革命精神、强固根本，对于激励人们在新的历史条件下夺取中国特色社会主义伟大胜利，实现中华民族伟大复兴的中国梦具有重要意义。

丛书编纂以习近平新时代中国特色社会主义思想为指导，以《中国共产党历史》《中国共产党的九十年》等重要文献为基本依据，以党的领导为核心，以老区人民为主体，以老区发展为主线，体现历史进程特征，突出时代发展特色，坚持辩证唯物主义和历史唯物主义相统一、历史真实性与内容可读性相统一的原则，书写革命老区从站起来、富起来到强起来的光辉革命史、不懈奋斗史、辉煌成就史，把老区人民的伟大贡献、伟大创造、伟大成就、伟大精神充分展示出来，形成一部具有厚重历史特征和鲜明时代特色的精品力作。这是一部培根铸魂、守正创新，既为历史立言，又为时代服务，字里行间流淌着红色血脉、

编写说明

催生着革命激情的传世之作。丛书的编纂出版将成为讴歌党讴歌人民讴歌时代、传播红色文化,为革命老区和老区人民树碑立传的重要载体。

丛书按照编年体与纪事体相结合、以编年体为主的编写体例确定框架结构,运用时经事纬、点面结合的方式记述史实,坚持人事结合、以事带人的原则处理人与事的关系,采取夹叙夹议、叙论结合、以叙为主的方法展开内容,做到了史料与史论、历史与现实、政治与学术统一,文献性、学术性、知识性相兼容。

为编纂好"全国革命老区县发展史丛书",打造红色文化品牌,中国老区建设促进会认真组织、积极协调,提出政治立场鲜明、史料真实准确、思想论述深刻、历史维度厚重、时代特色突出、编写体例规范、篇目布局合理、审读把关严格、出版制作精良的编纂出版总要求,力求达到革命史籍精品的精神高度、思想深度、知识广度、语言力度,增强丛书的权威性和社会影响力。各省(区、市)、市(州、盟)、县(市、区、旗)老促会的同志以强烈的使命感、责任感和紧迫感,勇于担当,积极作为,认真实施,组织由老促会成员、专家学者等参加的10余万人编纂队伍。编纂工作主体责任在县,省、市组织协调、有力指导、审读把关。各方面人员以高度负责的精神和科学严谨的态度,满腔热情地投入工作,为丛书编纂出版做出了重要贡献。丛书编纂工作还得到了党和国家有关部委、地方各级党委政府及有关部门的大力支持和积极参与,社会各界也给予了热情帮助。中共中央政治局原委员、中央军委原副主席、原国务委员兼国防部长迟浩田上将,对老区人民怀有深厚感情，对革命老区建设发展十分关注，欣然为"全国革命老区县发展史丛书"作总序。

丛书由总册和1599部分册（每个革命老区县编纂一分册）组成，共1600册。鉴于丛书所记述的史实内容多、时间跨度长和编纂时间紧，不妥之处，敬请批评指正。

中国老区建设促进会

稷山概况

一、始播百谷地　宜居宜业处

稷山县位于山西省西南部，运城市正北端，距省会太原市410公里，距运城市85公里。东靠新绛县，西临河津市，南以稷王山和闻喜县、万荣县接壤，北靠吕梁山与乡宁县相连。辖区南北长47.5公里，东西宽25公里，面积686.2平方公里。

稷山，"邑以稷山名，以后稷始播百谷于兹也"。
春秋称"稷"，属晋。汉为河东郡闻喜县地。
北魏太和十一年（487）于今城关东南15公里置高凉县、郡，隶东雍州。
西魏大统中年于今县境置南汾州，郡徙治今河津市境。废帝三年（554）南汾州改勋州，北周升总管府。武成初年废勋州，绛州治徙此。建德六年（577）州、县治徙今城关西南6公里的吴城村。
隋开皇三年（583）绛州治徙今新绛县境，十八年（598）

高凉县改稷山县，徙治今城关，属绛郡。唐先后属绛州、绛郡、河中府。五代属绛州。

宋属绛州绛郡。金兴定初年属晋安府。元、明、清仍属绛州。

民国初年废州、县改属河东道，道废后直属省。

1949 年属晋南区新绛分区，隶陕甘宁边区。后复归山西省，属运城专区。

1954 年，运城、临汾两地区合并为晋南专署，县随。

1958 年，稷山、河津两县和万荣县大部，以及乡宁县部分合并为稷山县，属晋南专署。

1959 年，原万荣县划归稷山之部分村再划出。

1961 年，河津县析出；西坡、尉庄两公社复归乡宁，稷山县境恢复原貌。

1970 年，晋南专署分为临汾、运城两专署，后改为行政公署，县属运城行政公署。

2003 年，运城地区撤地建市，稷山属运城市。

至 2014 年，稷山县辖 5 个镇、2 个乡，分别是：稷峰镇、西社镇、化峪镇、翟店镇、清河镇、蔡村乡、太阳乡。

历史上，稷山为稷始播百谷之地。今天来看，稷山县属暖温带大陆性季风气候，四季分明，日照充足，无霜期约 210 天，年降水量约 480 毫米左右，年平均气温 13℃，7 月高温期平均约 26.7℃，1 月低温段平均约 -2.7℃，确实是一块适宜人类发展农业的生存宝地。

二、历史悠久 人杰地灵

稷山人杰地灵，名人辈出。

周朝始祖后稷出生并教民稼穑于域内，开启了中华农耕文明之先河；尧时羲和四兄弟钦若昊天，历象日月星辰，敬授人时，为天文历法和农事季节做出巨大贡献；唐朝名相裴耀卿辅佐朝政，力推"整饬漕运"，成就中唐大业；金末著名谏官陈规，任监察御史，廉洁奉公，直言善谏，素为"帝臣所惧"；元初名臣姚天福，任监察御史及参知政事、大都路总管兼大兴府尹，爱民如子，铁面无私，功德堪比宋代"包公"；明代书法家梁纲，大小书法俱精，匾榜碑版照映汾晋，素有"神笔梁纲"美誉；清代钦点"探花"王文在为翰林院编修，终生倾心教育有口皆碑；义士吴绍先万里寻弟传为佳话。

民国时期农民起义军首领王冰清，组织黄汉军发动"丙辰"反袁斗争彪炳史册；新民主主义革命时期更是英雄辈出群星璀璨。以张汉民、姚晋泰、郑辑五、黄礼明、李银来、赵之梁、吕光辰等为代表的一大批共产党人和革命志士，紧紧围绕在党的旗帜下，汲宝地之灵气，挟时代之雄风，为民族独立人民解放出生入死英勇奋战，谱写了一曲曲气壮山河的英雄篇章。

稷山历史悠久，名胜古迹星罗棋布。

目前稷山境内有国家级重点文物保护单位6处；省级

重点文物保护单位8处;县级重点文物保护单位30余处。其中:古建筑4处,古村落2处,古墓群3处,古塔3处,文化遗址18处。这些名胜古迹年代久远,具有很高的研究价值。

位于县城东北1000米处的大佛寺,始建于金代皇统二年(1142),历史悠久,气势恢宏,佛身高20米,宽7米,是目前全国唯一保存完好的土雕大佛,为研究我国雕塑艺术和佛教文化提供了珍贵资料。

位于县城西4公里处的马村宋金墓群,建于宋政和八年(1118)至金大定二十一年(1181),迄今800多年,是全国唯一保存完整的宋金代墓群,其发现为研究宋金建筑、音乐戏剧和工业炼焦提供了珍贵的历史佐证。

国家级文物保护单位青龙寺壁画、稷王庙石雕,业界称奇,享誉三晋。位于县城西南15公里处的北小宁村西原兴化寺,始建于隋开皇十二年(592),寺中壁画精美绝伦,被誉为"神画寺"。寺中壁画尤以"七佛像"壁画和释迦牟尼像壁画最为珍贵,1926年惨遭毁坏,奸商趁战乱将壁画剥离秘密运京,拟外售以取厚利。此事为前北京大学考古研究所所长马衡先生闻知,他以4000块银圆购得并精心拼合,现存北京故宫博物院。另有两块释迦牟尼像壁画是国家以重金从日本购回,今收藏于稷山县博物馆。专家称"兴化寺壁画是全国现存壁画中最好的一种"。

位于县城西南的"玉璧城",是既有文献可考,又有确切遗址存在的著名古战场,全国罕见,它对研究中国南北朝历史、兵法和古代战争都有着极其重要的参考价值。多姿多态的文化瑰宝,佐证了后稷故里千百年的历史变迁,孕育了辉煌灿烂的后稷文化，是稷山人民宝贵的精神财富，同时也为稷山旅游业发展创造了得天独厚的条件。

尤让稷山人民为之自豪的是，20世纪50年代，稷山县成为闻名全国的卫生模范县。太阳村作为全国农村爱国卫生运动先进典型，誉满城乡，名扬中外。1959年全国农村卫生工作现场会在稷山召开，毛泽东主席为此专门作了重要指示。此后，胡耀邦、谢觉哉、吴玉章、李雪峰、陶铸等多位中央领导亲临稷山视察指导，题词留念。稷山县和太阳村先后接待了数十万来自祖国四面八方的专家、学者前来参观学习，迎接了包括苏联、美国、德国、联合国儿童基金会、世界卫生组织等国际友人前来考察访问。

爱国卫生运动的深入开展，极大地改变了稷山农村落后面貌，增强了人民体质，促进了农业生产，同时也有力地推动了稷山医疗卫生事业的飞速发展。焦顺发发明的"头针疗法"、任全保研发的"长效麻醉剂"和"母痔基底硬化疗法"以及杨文水研发的"中西医结合治疗慢性化脓性骨髓炎疗法"先后获国家级大奖。县人民医院成为当时山西全省唯一的县级二甲医院。继后县中医院、县妇幼院、县痔瘘医院、县骨髓炎医院、县精神病医院、县老年病医院、县结核病医院等一大批专科医疗机构如雨后春笋般发展，形成了县域医疗卫生事业的一大特色，成为稷山一张亮丽的名片。

长期积累的雄厚医疗资源，也成为稷山目前区域医疗大健康产业基地建设的重要支撑，为稷山特色产业发展增添了新的光彩。

三、农业立县　未来辉煌

稷山县地处华北通往西北的咽喉要道,历史上交通比较便利。

中华人民共和国成立后,随着国家各项事业蓬勃发展,稷山交通状况发生了历史性的变化。侯禹高速、闻合高速、侯西铁路、108国道横穿东西,台运省道、运稷一级路纵贯南北,70年代全县实现了乡乡通二级路,近年来村村通公路,户户通水泥路,形成以县城为中心,辐射四面八方的交通网络,为经济快速发展插上了金翅膀。

稷山县现辖稷峰镇、西社镇、化峪镇、翟店镇、清河镇、太阳乡、蔡村乡共7个乡(镇),200个行政村,227个自然村,总人口35万。其中革命老区乡(镇)3个,老区村67个,五类老区村30个,老区总面积420平方公里,占全县总面积的61.2%,老区总人口206360人,占全县总人口的62.5%。

历史上,稷山县是一个典型的农业县,盛产小麦、棉花和稷山板枣,尤以稷山板枣驰名全国。但由于地处黄土高原"十年九旱",因此千百年来广大农民一直过着"靠天吃饭"的传统农耕生活。稷山境内虽蕴藏着丰富的白云石、石灰石、石英石等矿产资源,但未得到有效开发,工业基础非常薄弱。

中华人民共和国成立后,在党中央的英明领导下,勤劳朴实的稷山人民,在历届县委、县政府的带领下,积极投身于社会主义革命和社会主义建设的伟大斗争中,使稷山的政治经济面貌都发生了翻天覆地的变化。特别是党的十一届三中全会后，随着改革开放不断深入，稷山经济社会发展开始迈入快车道，老区人民生活有了显著改善。

党的十八大开辟了稷山发展的新天地。

近年来，县委、县政府坚持以习近平新时代中国特色社会主义思想为指引，统筹推进"五位一体"总体布局，协调推进"四个全面"战略布局，与时俱进，全面推动，大力实施"六基地一名城"发展战略，取得了明显成效。目前以大佛寺文化园为代表的稷王名城建设有序推进；以西社新型煤焦化循环经济示范园区和翟店纸包装文化产业园区为代表的工业园区建设初具规模，入驻企业30余家；以稷峰镇、化峪镇为主导的稷山板枣基地建设，以清河镇为主导的特色果业基地建设、以太阳乡为主导的中药材基地建设和以蔡村乡为主导的高效农业基地建设均取得重大进展。工业园区化、农业产业化、城乡一体化的经济发展大格局在稷山已初步形成。今日之稷山，政通人和、百业兴旺、社会进步、民生改善、处处呈现欣欣向荣的喜人景象。

总之，新中国成立70年来，在党的各个时期基本路线、方针政策指引下，在历届县委、县政府的坚强领导下，在全县干部群众的共同努力下，稷山各行各业都有了长足发展。具有光荣革命传统的后稷儿女为建设稷山、发展稷山、振兴稷山做出了巨大贡献。

进入新时代，全县人民决心更加紧密地团结在以习近平同志为核心的党中央周围,积极投身于"两个一百年"的伟大斗争中,为早日建成小康社会,为早日实现中华民族伟大复兴而不懈奋斗!

第一编　稷山革命老区的创建

第一章　早期革命活动和党组织创建

稷山历史悠久，人文厚重，民风向上，是一块具有光辉革命斗争历史的红色沃土。

早在1916年4月，为了反抗反动统治阶级的残酷压迫和剥削，以王冰清为首的"黄汉军"揭竿而起，发动了震惊全国的"丙辰"起义，这次起义虽因多种原因而告失败，但它书写了稷山近代史上浓墨重彩的一笔。

第一节　星星之火　可以燎原

中国共产党的成立，给苦难深重的稷山人民带来光明和希望。

1928年9月，稷山第一个共产党员、西北军杨虎城部炮兵副营长、中共三原地委军事委员会负责人张汉民返回原籍西社镇高渠村，以小学教师职业为掩护，秘密宣传马列主义和进步思想。在他的教育和影响下，先后有张永兴、张世泽、王静山、谷俊德、谷俊耀、王国等进步青年投向杨虎城部，并陆续加入中国共产党，成为党在西北军中的骨干力量。张汉民二次离开稷山时，还特意安排贾龙章、贾仲愚等留下来秘密开展地下活动，为党在稷山的创建和发展留下了革命的火种。

1931年初，稷山县付家庄村进步青年黄克宽（又名黄礼明），因高小毕业后无钱继续升学，便在县城西街开办了一家书店"春盛书局"，后更名为"进化书社"。在走乡串校购书销书过程中，黄克宽经常与他的高小同学，其时正在运城二师读书的姚晋泰（时任中共运二师宣传委员）、韩国忠在一起抨击时弊，抒发崇尚民主、追求进步的理想情怀。在姚晋泰等人的影响和指引下，黄克宽立志走"卖书救国"道路。他一方面秘密传播进步书籍，吸引进步青年阅读购买；一面广泛结交社会贤达和进步人士，为他们的学习活动提供帮助。由此，"进化书社"逐步成为我党在稷山初期活动的主要据点。

"九一八"事变后，为了加强党对抗日救亡运动的领导，中共山西特委派阎子祥到运城秘密开展工作。1932年初，阎子祥经姚晋泰介绍到稷山"进化书社"与黄克宽取得联系，双方深入交谈，增强了解信任。是年12月，阎子祥再次到稷山，首先到稷山庄利村（现归万荣县）与由太原农业专科学校返乡的中共党员郑辑五接上关系，又委派姚晋泰去河津南原村吸收李鸣阁加入中国共产党，12月底，由阎子祥主持在"进化书社"后院阁楼上召开了稷山县第一次党的秘密会议。会上，阎子祥代表中共山西特委宣布成立中共稷山支部，并决定姚晋泰为支部书记。从此稷山党组织的活动开始走上正轨。中共稷山支部成立后，根据阎子祥的指示，继续以"进化书社"为依托，进一步扩大党内刊物和进步书籍的发行，同时支部成员姚晋泰、郑辑五、李鸣阁分别在稷山、河津积极开展党的工作。姚晋泰利用任教翟店县立二高的合法讲台，向学生传输爱国主义思想，秘密宣传马列主义，并经常以"进化书社""二高"和他的家中为秘密联络点，联络稷山、河津、新绛、万泉等地进步青年聚会，积极培养入党对象，为党的发展做准备。这一系列活动对鼓舞民众、唤醒热血青年发挥了重要作用，同时，也引来稷山反动当局和教育界旧势力的打压。1933年12月，稷山警察局包围"进化书社"和县立一高、二高，"进化书社"被查封，黄克宽遭逮捕，郑辑五闻讯后迅速转移。姚晋泰、李鸣阁在友人的帮助下入陕继续从事党的地下工作，至此，刚刚成立一年的稷山第一个党组织被迫中断工作。

第二节　抗日烽火中革命力量的壮大

野火烧不尽，春风吹又生。波澜壮阔的抗日战争，客观上为我党在基层的发展带来空前的机遇。1936年，随着国共合作二次实现，山西各级"牺牲救国同盟会"（简称牺盟会）相继成立。1936年6月，牺盟稷山分会正式挂牌，特派员由省牺盟会下派的中共党员殷志平、田文莼担任，这就为我党利用这一合法平台，恢复和重建稷山党的组织，积极发展抗日武装创造了极为有利的条件。

1936年9月，由朱德总司令率领的八路军总部，在东渡黄河北上抗日时途经稷山，短短两天多时间，八路军将士所到之处，爱民亲民秋毫无犯，广大群众亲身感受到中国共产党才是真正为人民谋利益的政党，扩大了党的政治影响，为稷山党组织重建和发展奠定了广泛的政治基础和社会基础。

1937年秋，中共河东工委书记阎子祥再次到稷山，首先与时任稷山牺盟会特派员的中共党员殷志平接上关系，并任命殷为稷山党的负责人，具体负责稷山县党组织的重建工作，并详细介绍了稷山党组织前期的工作情况及郑辑五、黄礼明、吕光辰等人的个人情况，明确要求抓住有利时机，迅速恢复稷山党组织。

1937年11月，中共曲沃特委成立，稷山划归曲沃特委领导，特委组织部长李颉伯受命到稷山，秘密与殷志平、郑辑五接上关系，并一起就重建稷山党组织问题进行了深入研究部署。首先由郑辑五介绍吕光辰、赵之梁加入党组织，并在西南城角汾河滩一个小庙中举行了入党仪式。接着在吕光辰家东房里秘密召开了两天党员会议。会上李颉伯代表中共曲沃特委郑重宣布：中国共产党稷山县委员会正式成立。并决定郑辑五任书记、赵之梁任组织委员、吕光辰任宣传委员。中共稷山县委的成立，开启了稷山革命斗争新纪元。

中共稷山县委是在抗日战争爆发后不久成立的,在此后的漫长抗战中,由于斗争形势不断发展变化,稷山各级党组织也随之经历了一个艰苦曲折的发展过程。但无论在任何情况下,历届县委都始终认真贯彻上级党委指示精神,积极团结带领广大党员和革命群众与敌人展开殊死斗争,成为革命斗争的中流砥柱,谱写了对敌斗争的壮丽篇章。

第二章　牺牲救国同盟会稷山分会

第一节　利用合法身份　发展党的组织

1936年12月,山西牺牲救国同盟会委派张秀成、洛鸿亲、冯佐尧、白志宏4人到稷山担任牺盟会临时村政协助员,以推动稷山抗日救亡工作的开展。他们到稷山后,立即进驻各大村庄,迅速开展抗日宣传,广泛接触"民众抗日救亡会"成员和广大进步青年。经过3个多月的艰苦工作,全县共发展牺盟会员千余人。1937年初,牺盟村政协助员在县城第一高小主持报考国民兵学员。报考者五六十人,后经过默写考试,李树荣、裴维增、杜智愚、兰振华等34人被录取,并于次年3月底到寿阳县教导十团报到接受训练。这批学员以后大部分参加了决死队及山西新军各部,成为坚强的革命战士,其中不少人在抗日战争和解放战争中献出了年轻的生命。

1937年6月，山西牺盟总会派中共党员殷志平、田文莼到稷山任牺盟特派员，同时到职的还有协助员谷德胜、李锦章、曲介甫等人。"山西牺牲救国同盟会稷山分会"遂在县城塔东原巡警营挂牌成立。县牺盟分会内设组织、宣传、武装、民运等4个工作机构，各组负责人分别是赵之梁、赵国璧、何宝光、赵国璧（兼）。县牺盟会的成立，大大推进了全县抗日救亡运动的开展，而且为我党利用这一合法组织，积极创建革命武装，发展党的组织，创造了极为有利的条件。

第二节 扩大组织 蓄积力量

稷山牺盟会成立后，为了便于工作，决定将全县原来的3个行政区划为4个，并同时成立区牺盟分会。各区首任牺盟分会的特派员分别是：东北区（驻太杜）何宝光（兼）、景同谋；西北区（驻化峪镇）赵国璧（兼）、卫治邦；清河区（驻清河）赵之梁（兼）吕光辰；翟店区（驻翟店）刘化育。各分会在县牺盟会的统一领导下有序开展工作，为壮大抗日力量和拓展地下党组织活动奠定了基础。

"七七"事变至1945年5月，由于稷山地处敌占区，稷山地下党没有建立起政权组织。1937年12月起，陈捷弟等一批中共党员先后打入阎锡山的县、区政府，利用合法身份开展党的活动。

第三章　党领导的稷山县抗日救亡运动

第一节　宣传引导　发动群众

1937年10月,清河县立三高"怒吼剧团"开展的抗日宣传活动以及汾南清河村、汾北南阳村发动的"反贪污"和"争取合理负担"斗争,矛头直指地方反动势力。

"怒吼剧团"是清河县立三高师生在县委宣传委员吕光辰、组织委员赵之梁及县、区、校牺盟会的直接领导下组织起来的一个文艺团体,目的就是运用文艺表演形式,向当地民众宣传党的抗日主张,以唤起广大民众的抗日热情。"怒吼剧团"的30多名师生在1个多月时间里,顶严寒,踏冰雪,早出晚归,日夜活动于稷山、新绛汾河以南的60多个村庄,受教育群众5万余人次,在社会上引起强烈反响。

第二节　组织介入　合理斗争

清河村的"反贪污"和"争取合理负担"斗争，是1939年10月在县委直接领导下，由清河村地下党支部书记贾炳离以农救会秘书的公开身份，联合本村六救会（农、妇、工、青、商、儿童）和群众代表，以查账、质问、告状、请愿等形式，向本村反动村长冯之甫、村副史丹清的贪污行径展开面对面的斗争，最终取得彻底胜利。

与此同时，坐落于汾河北岸、有着光荣革命传统的南阳村，也在县委和县牺盟会的直接领导下，由王文彦、姚西明、王吉臣等地下共产党员和进步青年具体发动、组织，与本村村长贪污分子李玉三及其亲信展开长达两个月的斗争，同样取得胜利。

"怒吼剧团"的抗日宣传活动和南北呼应的"反贪污""争取合理负担"斗争，是刚刚走上政治舞台的中共稷山各级党组织有计划发动群众向反动势力发起进攻的成功实践，从此揭开了稷山革命斗争的序幕。

第四章　党领导的稷山县抗日武装

第一节　建立我党的第一支武装力量

1937年秋，为了加强抗日武装力量建设，时任稷山县牺盟会特派员的共产党员殷志平、田文莼在中共党员吕光辰、赵之梁、李银来等人的大力支持和配合下，根据省牺盟会的要求，迅速在全县组建起一支有170人参加的"稷山县人民抗日武装自卫队"，后改称"稷山县人民抗日武装自卫总队"，殷志平、田文莼分别兼任总队长和指导员，成为稷山历史上真正由共产党人领导的革命武装力量。

1937年12月，经省牺盟会推荐，阎锡山批准，中共党员陈捷弟出任稷山县抗日民主政府县长（党内兼任中共稷山县委宣传委员），又为促进稷山抗日武装力量的巩固和发展提供了强有力的政治保障。陈捷弟到任后，首先按照中共稷山县委的决定，委派县自卫总队总队长、中共稷山县委军事委员殷志平兼任县公安局局长，县牺盟会工作员任振中、李丹墀出任巡官和政委，大刀阔斧整训旧警察队伍，同时积极动员农村进步青年加入，警队总人数很快达到300多人，稷山的抗日武装力量进一步发展壮大。

1938年3月，中共稷山县委执行上级决定，将"稷山县人民抗日武装自卫总队""稷山县汾南抗日武装自卫队"及警察队伍合编为"稷山县人民抗日游击支队",支队长由时任县长、中共党员陈捷弟担任,政治部主任由中共党员聂乙担任,下设3个大队,总兵力500余人。

第二节 以少胜多 以弱胜强

稷山县人民抗日游击支队成立后,在陈捷弟强有力的领导下,主动与侵华日军和阎锡山反动势力展开面对面交锋,并接连取得"城东阻击战""白坡突围战""坑东自卫战""奇袭县城""光复县城"等重大胜利。尤其是1938年5月30日,稷山县人民抗日游击支队的将士们,在陈捷弟支队长的亲自指挥下,以其劣势装备一举全歼驻守稷山县城的100多名侵华日军,并光复县城3个多月,成为当时轰动全国的特大新闻。此举不仅大涨了中华民族的志气,而且彻底粉碎了日本侵略者宣称的"皇军无敌"神话。当时,延安《解放周刊》以"内迎外合巧夺稷山县城"为题报道此事。

第五章　稷山党组织的隐蔽战线斗争

第一节　贯彻上级指示　职业掩护革命

开展隐蔽战线斗争是革命战争年代我党对敌斗争的重要形式。中共稷山县委从成立之日起，按照上级关于"职业化、群众化，隐蔽起来开展工作"的重要指示精神，积极稳妥卓有成效地全方位开展工作。

在抗日战争期间的历任稷山县委书记中，除早期以牺盟会身份出现者外，基本上都是以职业活动为掩护，秘密从事党的地下工作的。

县委书记李永秀、郭兆英1939年至1941年常住清河镇，他们以共产党员杨智和贾炳离合伙开办的修车铺为掩护，以陈兴华（本名史马子）家的窑洞为联络点，发动、领导清河村开展"反贪污""争取合理负担"斗争，开展党的组织和队伍建设，清河村在全县各村中，党组织发展最快最多，党的活动也最活跃。

1943年王守业接任稷山县委书记后，先是在落脚的桐下村以弹棉花为掩护，秘密开展工作。县委转移到翟店后，他又肩挑货郎担，走村串巷联系党员开展工作。

1944年，中共乡吉特委书记兼稷山县委书记廉怀德住在县城东关马子明家,以加工粉条粉面为掩护,坐镇指挥稷山、新绛、河津等周边县地下党的工作。

这一时期,以职业为掩护从事党的地下工作的党员和干部为数也不少。共产党员冯培文、张志民等在西小宁村张志民家合办"周记挂面铺"和"茂盛泉粉房",成为我党晋西南工委的一个重要交通站,中共晋西南工委书记张铁民就住于此。陈兴华以卖凉粉为掩护,张继先以卖蔬菜为掩护,社会影响也很大,被群众称为凉粉贩、黄瓜客。吕光辰、赵之梁、骆真(冯永顺,字子良)、刘健(刘永林)、曹声瑄、曹声甫等以教师身份为掩护,积极开展地下工作。

第二节 精心组织派遣打入 开辟第二战场

抗日战争期间,除经党组织批准张乐三、王建中、薛辰龙入党后分别继续留在伪二区自卫队、伪县公安局、日伪训练班从事党的地下工作外,另外还有两次较大规模的打入派遣行动是由县委集体研究、精心安排的。一次是1940年,利用中共党员董警吾与稷山县长吴哲之(即吴晟,万荣人,中共党员)关系甚密的有利条件,派董警吾打入县政府担任县督学兼刘和村新开办的第四小学校长。董警吾到任后,先后把中共党员曹声瑄、曹声甫、秦如玉、秦英杰等安排在学校任教,使进步力量逐步占领了教育舞台。接着党组织又利用董警吾与吴哲之的关系,推荐中共党员冯培文、贾炳离分别担任了西村、刘和两村编村村长,后来冯培文、贾炳离秘密联系,又把一些中共党员调入编村工作，这样西村、刘和两编村很快变成我党的重要交通站，成为连接汾南党组织与中共晋西南工委的重要通道。另一次是在1942年，县委根据斗争需要，报请上级党委批准，先后派遣曹则参打入阎锡山"敌工团"任团长，冯培文、姚西明、李启信打入阎顽"精建会"，马思恭打入日伪"新民会"，张德元打入日伪警备队，段全有打入日伪警察所。这些同志深入敌穴，不忘重托，不辱使命，机智灵活开展工作，在收集传递情报、保护转移党的干部等方面发挥了不可代替的作用。

第三节 创建红色交通 确保上下通达

历届县委始终把建设、巩固和发展红色交通站当作一件大事来抓。经过长期不懈的努力，在全县基本建立起"两纵""两横"四通八达的红色交通网。两纵是：城东线由新绛北侯村—清河—苑曲—城关—桐下；城西线由万荣—刘和—西村—翟店—小宁—荆平—南阳—城关—桐下。两横是：汾北线由河津北里—马家巷—姚家庄—马村—南阳—城关—桐下—太杜—新绛史家庄；汾南线由新绛北侯村—清河—西里—翟店—小宁—西村—刘和—万荣。在漫长的革命战争年代，以曹海德、马子明、王文彦、杨智、张继先、张志民、史水安等为骨干的20多位早期地下工作者，长年活动在这些红色交通线上，在极其恶劣的环境下开展工作，付出了巨大牺牲，做出了重大贡献。

第六章　稷山县基层党组织的发展壮大

第一节　抓紧时机　发展壮大

中共稷山县委成立时，正值国共两党二次合作"蜜月期"，中共稷山县委紧紧抓住这一难得机遇，充分利用"牺盟会"的合法平台，在"严字当头、积极稳妥"的原则下，积极发展党的组织，使这一时期成为稷山历史上党组织发展最快、党的活动最活跃的时期。资料显示，从1937年中共稷山县委成立到1939年"晋西事变"发生前，中共稷山县委共拥有下属区委4个，村党支部20多个，发展党员200余名。还先后为各级党组织和抗日武装、社会团体培养和输送干部100多人。

第二节　长期隐蔽　灵活斗争

1939年12月，阎锡山不顾国共联合抗日大局，悍然发动晋西事变，大肆捕杀共产党人和爱国人士，稷山一些党组织遭破坏，一些党组织被迫停止活动，苑曲村党支部书记刘有儿被叛徒出卖遭逮捕。面对如此严峻的形势，为

第六章 稷山县基层党组织的发展壮大

了保存革命力量与敌人展开长期斗争,县委根据上级指示,适时调整了基层党组织设置,使其更便于分散活动,同时分三批转移撤离"红头干部"近百人。留下来的同志则认真贯彻中共中央"长期隐蔽、积蓄力量、待机而动"指示精神,通过隐蔽斗争的方式,与日伪阎作不屈不挠的斗争。这一时期党组织发展虽然处于低潮,但它犹如滚滚的岩浆,在不断地积聚力量等待更大规模的喷发。

从1943年开始,随着抗日形势的全面好转,稷山党组织终于迎来新的发展期。资料显示,到1945年抗战胜利,中共稷山县委所属各级党组织不仅很快恢复到原来水平,而且有了很大发展。此时县委共拥有下属区委4个,基层党支部36个,在册党员256名。

值得一提的是,革命战争年代中,稷山党组织虽然经历了艰难曲折的发展历程,但历届县委对党员的教育管理从来没有放松过。资料显示,县委除多次选派多名党员参加党员培训外,还先后举办过两期党政干部培训班,受教育者百余人。县委书记王守业在驻地组织党员开展"做好人、办好事"等活动;清河村党支部经常教育党员深入群众,做群众的知心朋友,帮助群众做好事。通过多种形式的教育活动,广大党员加深了对党的宗旨、党的纪律和斗争形势的理解和认识,进一步明确了政治方向,坚定了必胜信念,增强了组织观念,使各级党组织的战斗堡垒作用和党员的先锋模范作用得到较好发挥,为最后胜利奠定了坚实基础。

抗日战争胜利后,稷山各级党组织积极响应毛泽东主席"将革命进行到底"的号召,团结和带领全县人民投身人民解放战争的惊涛骇浪，并取得节节胜利。

第三节 巩固发展 迎接胜利

1945年11月，汾南党组织率先在原稷王山抗日根据地先后建立稷山县第一、第二民主区政府，使稷山部分地区的政权真正掌握到党和人民的手中。1947年4月8日稷山解放，由共产党领导的稷山县县、区各级民主政府相继成立，中国共产党终于在稷山这块红色土地上公开登上政治舞台。

新政权建立后，积极贯彻党的路线、方针和政策，一方面大规模地进行土地改革、基层政权建设和大生产运动，以巩固后方基础；一方面动员群众积极参军参战，踊跃支前，以实际行动支援全国解放。资料显示，这一时期稷山两次向中国人民解放军输送兵员2000余人，并于1949年3月组建由县武委会主任王怀仁为政委的支前总队，率部1700余人跟随中国人民解放军第十九兵团奔赴陕西、宁夏、甘肃前线，行程数千公里，历时8个月有余，胜利完成支前任务，受到兵团首长的高度赞扬。同年稷山还先后两次抽调干部60余人，分别组成"西进工作队"和"入川工作团"随军西进和南下，为全国解放贡献力量。据统计，至1949年10月中华人民共和国成立，稷山县共为中国人民解放军输送优质兵员3000余人。出动担架队和民工1345人，整修公路25公里，为部队供应粮食蔬菜216万余斤，做军鞋50000余双，打造木船36只，组织大车

200余辆,运送炮弹16万余发,为解放战争胜利做出了贡献。

20余年间,稷山党组织从无到有,由弱到强,英雄的稷山人民在党的领导下不畏艰险、不怕牺牲,前仆后继,英勇奋斗,用血和泪谱写出无愧于时代的壮丽篇章。无数英雄人物的牺牲,换来了革命的胜利,他们的史迹,将永远作为中国革命斗争历史长卷的重要组成部分,永载史册!

第七章　稷山老区革命斗争先行者

第一节　革命火种播撒者张汉民

张汉民,男,1903年生于稷山县高渠村。1924年新绛中学毕业后,赴陕北定边县杨虎城将军创办的教导队学军事。1925年春任中尉排长,不久在部队加入中国共产党。同年9月升任炮兵副营长。1926年国民联军驻陕总司令部成立后,张汉民在军事政治部任队长,先后介绍吴岱峰、李作梁加入中国共产党。1927年3月,张汉民以杨部炮兵副营长公开身份为掩护,负责新成立的中共三原地委军事工作,与三原地委书记张秉仁等领导了三原6县的反土豪劣绅斗争,先后介绍刘威城等20余名官兵入党,并在其炮兵营中秘密建立起党的支部。

1927年夏，由于叛徒出卖，三原县农民协会负责人乔国贞等被捕，汉民得知后及时与三原地委书记张秉仁密切配合，处决了叛徒，营救了被捕人员，同时还惩治了武宇区和泾阳县土豪劣绅洛彦福、王蓓僧等人。

1928年1月，汉民派共产党员魏子毅等4人在火车上处决了疯狂捕杀共产党人的三原驻军田玉清部政治部主任尹聘三。事发后遭敌追捕，经党组织和杨部营救脱险，后被迫返回原籍。

张汉民回乡后，以小学教员身份继续从事革命活动，并准备购置武器开展武装斗争，后因组织清涧起义失利的中共党员杨重远、史唯然、阎红彦等人到稷避难，暂未付诸实施。张汉民、杨重远等人共同分析了当时的斗争形势，一致认为，要想取得革命成功，必须掌握革命武装，四人决定，张汉民重返杨虎城部，杨重远去高桂滋部，史唯然、阎红彦回陕北，分头从事兵运和武装工作。

张汉民回乡时间虽不长，也没有机会在当地建立党的组织，但他在本村兴学育人，惩恶扬善，秘密宣传革命思想和马列主义，并以自己的言行感染和教育周边群众，不少群众尤其是进步青年受到革命启蒙教育，张永兴、张世泽、王静山、谷俊德、谷俊耀等10多名青年在他的教育影响下先后投向杨虎城部并加入中国共产党。贾龙章、贾仲遇等留下来坚持在稷山开展地下斗争。在后稷大地尚处于萌动之时，张汉民以一个革命家的智慧和胆略，在稷山播撒下足以燎原的革命火种，使广大劳苦大众在黑暗中看到光明和希望，其历史功绩将永载稷山史册。

1929年春，张汉民重返驻山东临沂的杨虎城部，任随

第七章 稷山老区革命斗争先行者

从副官、连长、中队长等职。1930年秋，杨虎城任陕西省主席后，张汉民先任省府卫士营营长，后升任警卫团团长，他特命共产党员阎揆要等10余人在军中任职，并和中共陕西省委接通关系，多次派阎揆要给谢子长、刘志丹部队送去弹药和情报。

1932年，张汉民被中革军委任命为陕甘地下特派员，化名田慎颐。利用合法身份，他掩护山东省委书记张含辉（1902年至1933年）到陕南执行特别任务，类似的还有与陕甘游击队建立3处交通站，多次护送包括谢子长、刘志丹、阎红彦、杨重远等党的高层领导及红军将士过境，并为陕甘游击队提供武器装备。同年4月，汉民奉命配合彬县、旬邑、长武等县民团"围剿"陕甘游击队，他先派人给游击队送去情报，里应外合毙俘民团500余人，缴获武器400余件。11月，汉民奉命尾随西进的红四方面军，途经户县时，他将共产党员白景琦从狱中救出，委以本部连长职。途经周至时，从狱中救出中共党员雷展如并委以本部通信排长职。12月，部队到达汉中，张汉平及时与中共豫南特委和省委巡视员取得联系，并于翌年春两次派人去川北与红四方面军联系，送去川陕军用地图和几十担医药品。原本计划与红军会合后即发动兵变，后考虑继续留在杨部对革命更有利，便继续潜伏从事隐蔽战线斗争。

1933年2月，川陕游击队改编为红二十九军。4月，红二十九军和陕南特委负责人在马儿岩惨遭骆家坝和鼓楼坝民团杀害，张汉民闻讯带人镇压，并给新成立的红二十九军第三游击大队装备了武器弹药。5月中旬，第三游击大队在勉县元墩遭民团围攻，20多人被俘，汉民立即派三营长佯装配合民团,在外围放冷枪,后以奉命提解人犯名义,将被俘的20多名游击队员安全护送到团部。同时,借口夹击游击队时各匪首配合不力,将他们逮捕押解到团部,处决了不服训斥的匪首。

张汉民还先后以其合法身份在团部和勉县秘密接待、护送上海中央局委派的中共陕南特委书记刘顺元、宣传委员席中瑶以及西安市军委书记崔景岳等安全过境。同时还特邀三原地委书记张秉仁到团部主办报纸。他动员察绥抗日同盟第七军参谋长周溢三留团任副团长,曾任陕南特委军委书记的张明远,也受汉民请求并经组织批准到该团负责党的地下工作。至此,张汉民团的3个营长全部由共产党员担任,全团拥有16个配套精良的连队,兵员2000余。

1935年初,警卫团奉命向关中转移,"探剿"红二十五军。2月下旬,警卫团扩编为警备第三旅,汉民任旅长。任务仍是阻击红二十五军向东运动。汉民一面派人向红军通报,一面派七、八两团由镇安出发尾随红二十五军。不料4月9日,张汉民率先头部队进入柞水县九间房时中了埋伏,张汉民等一批党员军官被误杀,时年32岁。1945年,中国共产党第七次全国代表大会后,党中央追认张汉民为革命烈士。半个世纪以后,由原红二十五军军长程子华主持审定的《中国工农红军第二十五军战史》对张汉民被错杀这样记录:"由于当时省委(中共鄂豫陕省委)与中共中央失去联系,不了解党在陕军中的兵运工作情况,误将中共地下党员张汉民当作'叛徒''法西斯蒂分子'错杀,给党造成了损失和不良影响。这是一个沉痛的教训。1945年4月,中共中央组织部将张汉民列入《死难烈士英名录》,并在中共第七次代表大会上追认为革命烈士。"

第二节 "进化书社"的开办

1930年初,稷山县付家庄村进步青年黄克宽(又名黄礼明),高小毕业后家中困难无法升学,家人多方努力筹措50块大洋在县城西街开办"春盛书店",交由他经营,意在谋生的同时,满足他对读书的热望。书店主要营销课本、文具和各类书籍,生意红火。

黄克宽是有志向的热血青年,在第一高小读书时就参加过由贾鸣尚老师等组织发动的第一次学潮。开办书店后,由于业务需要,他经常到运城采购图书,不时与正在运城二师就读的高小同学姚晋泰(中共运二师宣传委员)、韩国忠等见面,同学们在一起议论时局,抨击时弊,热血沸腾。在姚晋泰等人的影响下,黄克宽立志走"卖书救国"之路。为真切表达自己崇尚民主自由、追求革命进步的理想,1931年书店移至县城中街时,黄克宽索性将"春盛书店"更名为"进化书社",一方面扩大发行《向导》《苏联见闻录》《乡村的火焰》等进步书刊,另一方面,广泛结交社会贤达和进步人士,积极为他们学习提供方便。有两位挚友对他的思想进步迅速成长影响极大。一位是河津南原村的李鸣阁,又名墨一萍。李当时正欲投奔冯玉祥部,适逢阎、冯倒蒋失败,军中减员,李扫兴而归到"进化书社"栖身。他们以"进化书社"为联络处联合姚晋泰等人组建

"新我学术社",积极活动于稷山、河津之间,学术社成为中共山西省特委的一个重要外围组织,为党开展活动发挥了重要作用。另一位影响黄克宽较大的人是冯玉祥部电台工作人员、中共党员王华锋。倒蒋失败后,王华锋遇到黄克宽,两人结为好友。王华锋送给黄克宽《什么是新文学》(李大钊著)和《怎样研究新兴社会科学》(柯柏年编。柯柏年,1904—1985,原名李春蕃,笔名马丽英、丽英、福英等。出生于广东潮安。中共早期党员之一,马克思主义著作翻译家)两书,希望他多推销类似的好书。王华锋给黄克宽信中说:现在中国是军阀统治社会黑暗,他们对内敲诈勒索欺压百姓,对外投靠帝国主义出卖国家利益,青年学生毕业就是失业,生活没有出路。要想找出路就必须参加革命,以我们青年人的鲜血洗掉这个社会的黑暗。克宽见信后如获至宝,立即拿去和姚益泰、杨稳才及在运城读书的姚晋泰、加明光、韩国忠、黄俊德等传阅,大家深受启发鼓舞。这封信对黄克宽当时和以后的道路选择都发挥了重要作用。

进步书籍在县第一高小学生中的广泛传播,引起校长何伯嘉的不满和压制。以姚益泰、杨稳才等为首的进步学生同黄克宽在"进化书社"秘密商议闹学潮,他们在书社后院编写标语和宣言,组织同学上街游行,驱逐了反动校长,取得了斗争的胜利,"进化书社"进一步成为更多进步人士的聚集地。在这里接受进步思想影响的姚益泰、吕光辰等后来都加入了党组织,走上了革命道路。经常出入书社并受到启发的河津进步青年李鸣阁(墨一萍),也在河津广泛联合青年同仁,在其家乡南原村学校发起成立

"新我学术社",以示向旧我宣战。

1933年12月,反动当局以共产党嫌疑查封"进化书社",黄克宽被捕,次年押解太原,判刑5年,1937年5月国共二次合作时才释放。无疑,"进化书社"对推进稷山革命斗争发挥了积极的作用。

第三节　中共山西特委阎子祥在稷山县的工作

1930年,奉命回河东恢复发展地下党组织的中共山西特委成员阎子祥,通过省立第二师范学校党支部宣传委员姚晋泰介绍到稷山"进化书社",在黄克宽掩护下开展工作,把"进化书社"确定为党在晋南地区传播进步书刊的基地,进而通过党组织关系,有计划地将北平、河北等出版的进步书刊和中共中央北方局秘密刊物《北方红旗》等经由"进化书社"传送到新绛、闻喜、运城等地。由于阎子祥的精心指导,作为外围组织的"进化书社"对宣传党的政策和主张发挥了重要作用。

是年,稷山县庄里村(现属万荣县)进步青年郑辑五、修善村张全收等相继在外加入中国共产党,成为继张汉民、姚晋泰之后稷山最早加入党组织的中共党员,壮大了地下党员队伍。

第四节　中共稷山县支部成立

1931年九一八事变后，全国抗日救亡运动蓬勃兴起，中共山西特委再次派阎子祥到运城秘密开展工作。早在1930年初，阎子祥经运二师学生姚晋泰介绍到稷山"进化书社"即与黄克宽取得联系，双方深入交谈，确信黄克宽是一位崇尚民主、追求进步，办事严谨、可以信赖的革命青年，于是鼓励他坚定理想信念，进一步扩大进步书刊的发行量和发行范围。

1931年年11月，阎子祥以中共山西特委特派员身份再次到稷山。他首先到稷山庄里村（现归万荣县）与由太原农业专科学校返乡的中共党员郑辑五接上关系，又委派姚晋泰去河津南原村吸收李鸣阁加入中国共产党，后于月底在"进化书社"后院小楼上主持召开了稷山县第一次党员会议，郑辑五因故未参加。会上阎子祥以中共山西特委特派员身份宣布：由姚晋泰、郑辑五、李鸣阁三人组成中共稷山县支部，姚晋泰任支部书记，党支部隶属中共山西特委领导。会上同时做出3条决定：一是继续以"进化书社"和"新我学术社"为依托，进一步在晋南各地发行党内刊物和进步书籍。二是考虑到"进化书社"和黄克宽本人工作太公开，只将其作为党的外围关系，暂不接纳加入党组织。三是严格审查发展对象，不绝对可靠的不予发展。

中共稷山县支部成立后，认真贯彻支部会议精神，进一步扩大党内刊物和进步书籍的发行。支部成员姚晋泰、郑辑五、李鸣阁分别在稷山、河津积极开展工作，宣传党的抗日主张。特别是姚晋泰利用他任教的翟店县立二高的合法讲台，向学生宣传爱国主义，宣讲马列主义，还不时以"进化书社""县立二高"和自己家为联络点，召集稷山、河津、万荣、新绛等地部分进步青年聚会，鼓励他们走革命道路。

这一系列活动，对鼓舞民众、唤醒热血青年投身革命确实发挥了重要作用，同时也引起稷山反动当局和教育界旧势力的反对和仇视。1933年12月，稷山县警察局包围了稷山县立第一、第二高小，"进化书社"被查封，黄克宽被押解太原并判刑。姚晋泰在进步师生的掩护下脱逃，后入陕投奔杨虎城部继续从事党的工作。郑辑五闻讯转移。李鸣阁在河津也遭通缉被迫入陕。稷山县支部中断工作。

中共稷山县支部成立后，虽然只存在不到一年时间就被反动当局扼杀在摇篮中，但它在稷山历史中却有着划时代里程碑的意义，它标志着稷山县党的建设从此步入有组织有领导的发展轨道。

第五节 稷山县牺盟会

稷山县牺盟会从1937年6月成立到1939年12月"晋西事变"爆发被迫终止活动，前后仅存在两年多时间，然而它在稷山抗日斗争史上却发挥了难以替代的作用。

一、在抗日救亡运动中诞生

为积极响应中共中央"停止内战,一致抗日"的号召,阎锡山省政府内和社会团体中的中共党员和进步人士于1936年9月发起成立了山西牺牲救国同盟会(简称牺盟会),推选阎锡山为会长。之后,党中央和北方局为了加强山西的统战工作,指派薄一波到太原主持牺盟会工作,从此牺盟会便成为我党在山西从事抗日民族统一战线工作的公开合法的组织。

1936年11月,正在石家庄、太原和新绛就读的稷山籍学生贺宝光、景同谋、何甲寅、杨德才、卫治邦、赵国璧、何行敏7人,在"一二·九"学生运动影响下,毅然弃学返乡,在西渠村小学成立了"民众抗日救亡会"。在他们的影响下,稷山的高渠、山底、清水庄、杨赵等村也陆续成立"民众抗日救亡会"。抗日救亡运动序幕在稷山徐徐拉开。

1936年12月,省牺盟会委派张秀成等4人到稷山担任牺盟会临时村政协助员。张秀成等人到稷山后,立即进驻各大村了解情况发动群众,并广泛接触和大力支持各"救亡会"及进步青年的抗日救亡活动。经过3个多月的艰苦工作,在全县先后发展牺盟会员千余人,为稷山牺盟会的成立奠定了坚实的群众基础。

1937年6月,省牺盟会派特派员殷志平(中共党员)、田文莼(中共党员),协助员李锦章、屈杰甫、谷德胜等5人到稷山发展牺盟组织。这些同志到稷山后,紧紧依靠杨稳才等进步青年和各"救亡会"同志,积极开展县牺盟会的筹备工作,并很快在县城塔南书院正式挂牌成立"稷山县牺牲救国同盟会"。县牺盟会内设组织、宣传、武装、民运等4个工作机构，下辖东北、西北、清河、翟店4个区级牺盟会。全县各级牺盟会的成立，有力地推动了抗日救亡运动的开展，为党充分利用这一合法组织，积极创建革命武装，发展党的组织提供了极为有利的条件。

二、抗日救亡运动的先锋

县牺盟会成立后，立即把开展抗日救亡宣传作为头等大事来抓。开始时人员少，又没有活动经费，几个青年就从自己家里拿钱开支，没有宣传材料就自己编写自己刻印，不到一个月，从南到北跑遍了全县大小村庄，在街头巷尾进行抗日救国演讲，哪里逢集唱戏他们就赶去宣传。1937年12月，省牺盟会推荐陈捷弟（中共党员）出任稷山县抗日民主政府县长，牺盟会有了自己的靠山，从此各项工作都出现新局面。一是全县各级牺盟会工作开始步入正常轨道；二是全县50多个村镇普遍建立工救会、农救会、妇救会、青救会、儿童团等抗日救亡组织并积极开展活动；三是全县4所县立高小（城关、翟店、清河、太杜）都组织起抗日救亡宣传队，积极投身于抗日救亡宣传活动，其中清河三高30余名师生组成的"怒吼剧团"，表现得尤为突出。该剧团成立后在骆真、刘健等进步教师的带领下，顶风雪冒严寒，40多天演出足迹踏遍二区及周边的50多个村庄。他们自编自演的20多个政治性、战斗性极强的抗日宣传节目，一幕幕都是对日军暴行的血泪控诉，一出出都是唤起民众奋起抗战的冲天怒吼，在全县引起强烈共鸣。

1938年5月,县牺盟会还将刚刚从"政治干部训练班"结业的60多名学员重新组织起来,分别组成"抗日剧团"和"政治工作队",深入全县各村镇,协助各区牺盟会发动群众开展抗日救亡工作,宣传减租减息,实行合理负担,帮助自卫队训练,使全县抗日救亡运动蓬蓬勃勃开展起来。据统计,这一时期到八路军招兵处报名的、参加决死队的、参加国民兵军官教导团的共有230多人。

三、痛击反动势力的尖兵

牺盟会成立后,进步人士和爱国青年热烈欢迎,要求参加抗日救亡活动的人越来越多。然而旧县政府却消极应付,百般刁难。县里拨给牺盟会的少量经费极少,无法维持,牺盟会便发动群众搞募捐,还按阎锡山的要求"有钱的出钱,有力的出力,组织起来打倒日本帝国主义",向汾南坞堆村的王璋、汾北清水庄的田杰三等地主发出通告,要求他们为抗日救国捐献活动经费。王璋接信后立即派人送来200元,复信态度积极:救国在即,抗日有责,出钱理应,不够再送。而田杰三却借口不便,分文不捐。此事激怒了牺盟会特派员殷志平,他带人到清水庄找田杰三,田杰三闻知躲进北山,田家总管及家人借口主人不在,拒绝捐献。牺盟会立即在该村召开群众大会,揭露和声讨田杰三长期以来残酷剥削贫苦农民、欺压群众、拒不抗日的累累罪行。后在群众声援下,冲入田家,打开粮仓,一部分小麦当场分给贫苦农民,其余人背、马驮、大车拉,运回县城出售,作为抗日活动经费。

牺盟会惩治恶霸地主田杰三的消息在全县引起强烈

震动，广大民众群众拍手称快。反动势力污蔑牺盟会把全县搞得人心惶惶，社会秩序大乱，并积极策划成立所谓"地方治安维持会"对抗牺盟会，以此达到其反对抗日救国之目的。经过精心策划，以焦阳三为首的30多个"绅士"们一天下午在县城王家花园召开会议，准备成立他们的所谓"地方治安维持会"。牺盟会特派员殷志平立即带领10多名牺盟会员赶到现场，与反动分子展开面对面的斗争。当焦阳三疯狂叫嚣"我们的敌人不是日本人，而是眼前这伙人"时，殷志平立即指着焦阳三厉声斥责："住口！你这个无耻的民族败类，竟敢在光天化日之下认敌为友恶毒攻击革命群众，罪责难逃！"在场的人们齐声高喊："揍这个坏蛋！"吓得焦阳三魂飞魄散抱头求饶。其他"绅士"个个惊慌失措，乱成一团。为了打击反动派的嚣张气焰，殷志平下令将焦阳三五花大绑送交县府查办。

四、孕育人民革命武装的摇篮

稷山县人民抗日武装是在抗日战争爆发、国共两党实现二次合作的大背景下，由共产党人利用牺盟会这一合法组织逐步发展起来的一支人民军队。它从建立到发展壮大，牺盟会功不可没，贡献巨大。

1937年6月，中共党员殷志平、田文莼受山西牺盟总会的委派到稷山任牺盟特派员，牺盟稷山分会宣告成立。是年秋，县牺盟会根据省牺盟会的要求，大张旗鼓地在全县各村组建"动委会"和不脱产的"自卫队"，不久又根据阎府有关法令组建起"稷山县人民抗日武装自卫队"。同年12月，县牺盟会又根据省牺盟会的指示精神将"稷山县人民抗日武装自卫队"更名为"稷山县人民抗日武装总队"。总队长和政治指导员直接由殷志平、田文莼兼任。在殷志平、田文莼的领导下，总队很快由原来的一个中队60余人发展到3个中队170余人，为抗日武装的发展奠定了坚实的基础。

1937年12月，由省牺盟会推荐、阎锡山批准的中共党员陈捷弟出任稷山县抗日民主政府县长，为抗日武装的发展壮大提供了强有力的政治保障。陈到任后，立即委派殷志平兼任县公安局局长，着手改造、整训旧警队，积极吸纳农村进步青年加入，新警队综合素质有了提升，人数也大幅增加到300余人。

与此同时，由县牺盟会员刘化育带领的"稷山汾南抗日武装自卫队"，在前中共稷山县委书记郑辑五的耐心说服和开导下，也答应接受县抗日自卫总队的领导，使县自卫总队力量进一步扩大。

在此背景下，为了有效整合抗日力量，扩大抗日武装，稷山县牺盟会根据省牺盟会通知精神，1938年3月决定将三支队伍合编为"稷山县人民抗日游击支队"。支队长由县长陈捷弟担任，政治主任为中共党员聂乙。支队下辖3个大队共500余人。

稷山县人民抗日游击支队成立后，在陈捷弟的强有力指挥下，立即以高昂的革命斗志和英勇无畏的战斗精神，积极投身艰苦卓绝的抗日斗争，连续取得"奇袭县城""光复县城""坑东反顽"等重大胜利，在斗争中经受了血与火的考验。

1938年9月，上级决定稷山、安邑两支抗日游击支合编为"晋绥教导第三总队",孙定国任总队长、陈捷弟任政治主任。"教三总队"后先后编入"政卫一支队"和二一二旅,最后编入太岳军区第八纵队,成为中国人民解放军的重要组成部分。

五、发展党组织的红色基地

细读稷山抗战初期党的发展史,可以明显感受到,这一时期稷山县党的活动是与牺盟会紧紧联系在一起的。其实抗战初期的稷山党组织,适应全民抗战的现实需要,充分利用牺盟会这一合法平台,恢复自己,发展壮大,把伟大的事业与发动民众结合起来,并在斗争中快速成长。

1937年6月,受命到稷山任牺盟特派员的中共党员殷志平、田文莼,身兼两项使命。一是成立稷山县牺盟会,发动群众开展抗日救亡运动;二是在斗争中发现和培养积极分子,适时恢复和发展稷山党组织。赵之梁、吕光辰、李银来、徐锡庆、陈兴华等一批革命青年在他们帮助下,迅速成长起来,成为稷山牺盟会的七梁八柱,最后都成为稷山早期的共产党人。

1937年秋,中共河东工委书记阎子祥到稷山,与殷志平接上关系后,宣布殷志平为中共稷山党组织负责人,指示殷志平负责重建稷山党组织,同时向他介绍了原中共稷山支部的组建过程和组成人员情况。恢复稷山党组织的工作被提到县牺盟会的重要议事日程。

历史资料显示,1938年至1939年常住清河镇的中共稷山县委书记李生秀也是以牺盟会工作人员公开身份秘密开展党的工作的。县委成员陈兴华、骆真公开身份都是牺盟会员。1938年汾南汾北党组织分设后，中共稷山（汾北）县委则是在当时县牺盟会驻地山底村成立的。县委书记郭达及其他委员李银来、杨浩然、程丕铎、吕光辰等公开身份也都是牺盟会员。上述史料充分展示出稷山牺盟会在稷山党的恢复和发展中的重要作用和卓越贡献。

1939年12月，阎锡山蓄谋已久的"晋西事变"爆发，阎顽反动势力大肆捕杀牺盟会中的共产党员和进步人士。根据上级指示，稷山牺盟会工作人员陆续撤离，牺盟会工作遂告终止，党的工作完全转入地下。

第六节　中共稷山县委创建

1937年11月，中共曲沃特委成立，当即委派特委组织部长李颉伯到稷山开展工作。李颉伯到稷山后先与郑辑五接通关系，并由郑同时介绍吕光辰、赵之梁加入中国共产党。然后由李颉伯主持在城南汾河滩小河神庙召开党员会议。会上，赵之梁、吕光辰举行入党宣誓后，李颉伯代表中共曲沃特委宣布成立中共稷山县委员会，并决定郑辑五任书记、赵之梁任组织委员、吕光辰任宣传委员。小河神庙会后，继续在吕光辰家召开中共稷山县委第一次会议，研究了如何发展党员以及扩大党的组织和其他问题。会议还决定郑辑五负责一区、吕光辰负责二区、赵之梁负责三区。会后，吕即返回清河，利用推行"合理负担"斗争，支持清河农民救国会开展对清河村正、村副冯元甫、史丹青的斗争，并在斗争中发现和培养了陈兴华、骆真等一批进步青年,为建立清河地下党组织做准备。年底,陈兴华、徐锡庆、李银来等相继入党,党的组织不断壮大。

12月,中共乡吉特委成立,中共稷山县委改属中共乡吉特委领导。

12月下旬,由党组织以牺盟会名义向阎锡山推荐的稷山县抗日民主政府县长陈捷弟到职(中共党员)。此前,陈捷弟接受了省牺盟会领导关于到职后要迅速发展抗日武装,积极开展抗日斗争,策略性地应对顽固派等指令。

1937年末,稷山县人民抗日武装自卫队更名。为适应抗日斗争形势的需要,经省牺盟会努力,取得阎锡山的承认,"稷山人民抗日武装自卫队"更名为"稷山人民抗日武装自卫总队",总队设在县城文庙。自卫总队开始只有一个中队,中队长杨子高。不久县牺盟会特派员、中共党员殷志平、田文荺分别担任总队长和指导员,总队很快发展到3个中队170余人。随后谷清州、宋灏相继担任副总队长和中队长,自卫总队的编制序列基本完成。

然而自卫总队成立不久,阎锡山又派何托生、程善之、杨英、曹彬、李国俊等五人到稷山任总队长、副总队长和中队长等职,企图夺取总队的全部领导权,遭到殷志平、田文荺的极力抵制。总队从成立之日起,便展开了夺权和反夺权的斗争,直至稷山县城沦陷,这些怕死鬼相继逃跑,斗争才告结束。

一、1938年1月,中共稷山县委领导调整

太原沦陷后日军沿南同蒲向南进犯,根据斗争需要,中共乡吉特委组织部长李颉伯到稷山宣布,对中共稷山县

委领导成员进行调整。李颉伯（兼）任县委书记，田文莼任组织委员，陈捷弟任宣传委员，殷志平（兼）任军事委员。同时决定殷志平兼任县公安局局长，匡斌任县自卫总队军事教官，主要负责自卫总队工作。

二、2月，中共稷山县委移址马家沟

日军占领新绛后直逼稷山，为了保存实力，以利再战，在中共稷山县委领导下，由县政府主持召开机关和武装团体紧急会议研究转移方案。会议决定县委、县政府移驻马家沟村，县牺盟会、县抗日武装自卫总队、县警队分别驻守龙王庙村、白坡村和后润头村。同时决定动员县城民众向乡下转移。

3月3日正当机关、部队、群众转移之时，日军已由新绛进至稷山太杜村附近。情急之下，陈捷弟县长率警队占领城北大佛寺以东高地，隐蔽待敌。中午时分，当日军先头部队骑兵进入我伏击圈时，陈县长一声令下，战士们立即向敌发起猛烈攻击，敌慌忙后退。阻击战有效地迟滞了日军对县城的进犯，保证了干部群众的安全转移。这次匆忙展开的阻击战斗，打响了稷山抗日游击战争的第一枪。

1938年3月10日，正当乡吉特委组织部长李颉伯在白坡村召开新、稷、河三县自卫队负责人会议，研究成立抗日政卫第二支队时，由于汉奸告密，当日深夜驻稷山县城日军集中百余兵力向我白坡村发动突然袭击。由于当时警队驻守后润头村，留守白坡村的只有自卫总队的干部战士，敌我力量悬殊。面对强敌，总队政治指导员田文莼快速率领干部战士占领白坡高地并组织对敌反击，经过6个

第七章 稷山老区革命斗争先行者

多小时顽强战斗,终于使驻地领导和大部分战友突破重围安全撤离,而他与分队长李国俊、班长赵武举、战士卫新发却不幸英勇牺牲。白坡反击战虽因敌强我弱而失利,却使这支新生武装力量经受了一次血与火的考验。

白坡反击战失利后,吕光辰等受命组建地方工委,李颉伯率部向乡宁牺盟中心区转移,途中在新绛县苏村指示吕光辰、赵之梁、黄克宽回县组织地方工作委员会,继续坚持地方斗争。

1938年4月初,驻稷日军集中力量进攻乡宁,县城城中空虚,县自卫总队乘机在陈捷弟县长带领下,从黄华峪驻地出发奇袭县城,直捣敌巢。进城后开仓放粮、刷写张贴抗日标语,并对未逃走的维持会人员进行集中训话,警告他们不要为日本人卖命,不准欺压百姓。同时秘密安排内线密切注意日军动向。当驻河津日军数十人乘汽车出发增援稷山时,部队已撤离县城返回防驻地。这次行动虽未与敌直接交锋,但却震慑了敌人,极大地振奋了军民的抗日热情,为以后的光复县城创造了条件。

第七节　稷山县抗日游击支队

1938年5月，根据山西牺盟总会和省府通知，"稷山县人民武装抗日自卫总队"同稷山县公安局警队、"稷山县汾南抗日武装自卫队"合编为"稷山县人民抗日游击支队"。支队长陈捷弟，政治主任聂乙。支队下设3个大队，一大队由警队组成，大队长许敬忠，政治指导员李丹墀；二大队由抗日武装自卫总队组成，大队长谷清州；三大队由汾南抗日自卫队组成，大队长刘化育，政治指导员郑辑五。全支队共500余人。

一、里应外合，巧夺县城

1938年5月，徐州战役打响，山西日军东调，晋西南日军守备出现空档，省牺盟会指示稷山积极做好攻打县城准备。

5月30日，稷山县抗日游击支队根据事先制定的智取县城方案，在陈捷弟队长的亲自带领下，于深夜抵达县城东关附近预定地点设伏。次日凌晨，游击队员在爱国人士杜天雷的有力配合下，很快占领了东城门。埋伏在东关的游击队员随即冲进城内，并与城内日军展开激战。与此同时，潜伏在城内的游击队员和内应人员也从敌军背后杀出，两面夹击，大部分日军退守盐店负隅顽抗。在多次喊话无效的情况下，游击队员在火力掩护下，爬上房顶，扒开砖瓦，将浸透油料的火把扔进屋里，顽抗之敌全部葬身火海。游击队全城戒严,逐门搜捕,击毙敌小队长等8人,缴获手枪1支,步枪7支。逃出城外的两名日军先后被马家巷村和荆平村群众抓住打死。

此战全歼守城日军绿野中队近百人,除烧毁敌大量武器装备外,共缴获轻机枪3挺,手、步枪8支,战马20余匹,游击队员仅伤亡10余人。稷山光复后,东至杨赵,西至下迪,30余里皆在游击队控制之下,3个多月日军未敢来犯。此举大涨了中华民族志气,彻底粉碎了"皇军无敌"的神话,中共中央机关报《解放周刊》专题报道:《内应外合 巧夺稷山县城》。

二、举办"抗日军政训练班"

6月,为了利用收复县城后的大好时机,积极发展组织、培训干部,在县委领导下,由县牺盟会、总动员实施委员会、抗日游击队联合在县城举办了"抗日军政训练班"。训练班由游击支队政治主任聂乙负责。学员小部分由牺盟会和游击支队选送,大部分吸收的是爱国青年学生。训练班共办了两期,每期20天,共培训学员100余人。学习结业后除少数派往游击大队和行政单位外,其余被编成两个"政治工作队",后改为"稷山县总动员实施委员会工作队",分赴汾北和汾南,深入农村开展抗日救亡工作。

三、坚守坑东,自卫反顽

面对我抗日武装力量日益强大,阎顽反动势力日感不安。7月中旬,阎锡山敌区工作团团长魏纯美率部对活动在汾南的游击支队三大队发动袭击,并将其包围在坞堆村企图强行收编。陈捷弟亲率游击一、三大队迅速驰援,经内外夹击,敌工团终被击退。但由于敌特务四团的增援,双方力量悬殊,游击一、三大队主动退守坑东村。在坑东村,游击支队利用有利地形及战士们高昂的斗志和人民群众的大力支持,坚守了 18 天,先后击退顽匪 3 次猛烈进攻,击毙击伤敌 80 余人,以比较小的伤亡取得了反顽自卫的重大胜利。

四、1938 年 9 月初,稷山县人民抗日游击支队编入晋绥教导第三纵队

省牺盟会领导人牛荫冠等受命到稷山,以解决阎顽发动的坑东事件,牛荫冠等人在充分肯定游击支队在陈捷弟领导下取得反顽斗争胜利的同时,也提出:为了维护党的抗日民族统一战线政策,经上级研究决定让出稷山县县长位,拉出抗日部队。于是在太杜村将稷山、安邑两支抗日游击支队合编为晋绥教导第三总队。总队长孙定国,政治主任陈捷弟。总队下辖 3 个大队 500 余人,驻汾南清河镇。

五、1938 年 9 月 9 日,稷山县城再次沦陷

日军由新绛、河津分两路夹击稷山。面对日军进攻,阎顽县长崔岷不战而逃,由抗日游击支队光复的稷山县城 3 个月后再次沦于敌手。日军进城后,大肆烧杀掠抢,屠杀无辜群众 200 余人。

六、1938 年 9 月 18 日,清河镇阳城沟连战告捷

刚组建的教三总队,在孙定国、陈捷弟带领下,在清

河镇阳城沟连连伏击敌人，共毙伤日伪军30余人，创造了平原作战的优秀战例。

第八节 稷山县抗日武装的烽火历程

中共党员陈捷弟1937年12月受命出任稷山抗日民主政府县长，领导稷山抗日武装在血与火的考验中不断成长，不断壮大。稷山抗日武装的发展大致经历了3个阶段。

一、组建武装准备抗战
（一）组建人民抗日武装自卫队

1937年卢沟桥事变后，全面抗战开始了。为了做好抗战准备，稷山县牺盟会根据山西省政府颁布的法令及牺盟总会要求，立即在全县各村组织起"动委会"和不脱离生产的"自卫队"，每个编村（相当于乡）成立一个分队。后又根据山西省政府关于各县组织脱产的人民抗日武装自卫队的法令，迅速组建起"稷山县人民抗日武装自卫队"。同年12月，稷山县自卫队改名为自卫总队。开始时只有1个中队，后来发展到3个中队，共170余人。由牺盟特派员殷之平兼总队长，牺盟特派员田文莼兼总队政治指导员，后牺盟总会又派谷清州任副总队长。与此同时，牺盟会会员刘化育在地下党员郑辑五协助下，适应群众卫国保乡的要求，乘势组织起一支人民抗日武装自卫队，后发展到约200人，在稷山汾南地区从事抗日活动。

（二）彻底改造旧警队

1937年12月，经牺盟总会建议，阎锡山同意，陈捷弟被委任为稷山县抗日民主政府县长。12月下旬到职后立即整顿各级政权组织、加强政府各项工作，重点抓了县警察队的教育改造工作，使之真正成为抗日的革命武装。

1. 首先派牺盟工作员任振中任警察局巡官，李丹墀任政治指导员。后又经中共稷山县委研究，由自卫总队总队长殷之平兼任县警察局局长。另请八路军派来的干部匡斌任自卫总队教官，具体负责全总队的军事工作。

2. 动员教育。陈捷弟亲自动员，说明抗日形势，要求大家安心参加整训，准备抵抗敌人进攻，卫国保乡。

3. 整训。政治上主要是讲抗日战争形势和政策，学习抗日救国十大纲领，转变思想，树立抗战信心和决心。军事上主要进行射击、投弹、基本战斗动作和游击战术训练，以提高军事水平。

4. 建立新的制度。实行官兵平等，军民合作，军政一致，民主管理，废除打骂，反对压迫人民。

5. 进一步整顿组织，发展牺盟会员，使绝大多数人员都参加了牺盟会。此外，还动员农村抗日积极分子参加县警队，使之发展到300多人。

6. 适时开展抗日游击战争，从实战中锻炼提高。

通过以上耐心的教育和艰苦细致的工作，使广大干部队员真正认识到自己是抗日卫国保乡的部队，整体素质有了明显提高。

（三）建立稷山县人民抗日游击支队

1938年4月初，为了适应稷山县抗日斗争的新情况，省牺盟会根据稷山县要求，派聂乙、许敬忠、冯玲等人到稷山县工作。5月，根据牺盟总会及山西省政府的通知，将稷山县公安局警队和"稷山自卫总队""稷山汾南抗日武装自卫队"合编为"稷山县人民抗日游击支队"，由陈捷弟兼任支队长，聂乙任政治主任。下辖3个大队：一大队长许敬忠，政治指导员李丹墀；二大队长谷清州；三大队长刘化育，政治指导员郑辑五。全支队共500余人。

二、积极开展对敌斗争

稷山抗日游击支队成立后，在牺盟总会"宁在山西牺牲，不在他乡流亡"的号召下，广泛开展游击战争，不断袭扰进犯之敌，先后成功组织实施了以下主要战斗行动：

（一）**城东阻敌，胜利转移**

1938年2月，为应对日军对稷山的进攻，在稷山地下党领导下，由县政府主持召开机关、武装团体等参加的紧急会议，会议决定县政府立即转移到马家沟村，县牺盟会驻龙王庙，县人民抗日武装自卫总队驻白坡村，县警队驻后涧头村，同时动员组织群众往乡下转移。

3月3日正当机关团体和群众转移之际，日军由新绛向稷山城进发，为了保障群众安全转移，陈捷弟亲自带领警队迅速占领城北大佛寺以东高地，隐蔽接敌。当日军先头骑兵部队接近我前沿阵地时，陈一声令下，部队齐向敌骑射击投弹，当即杀伤敌骑兵数人。日军遭到我突然打击，不知所措，慌忙后撤。当日军后续部队到达重新组织进攻时，我警队已主动撤退到吕梁山脚下，并利用有利地形击退了敌骑兵的追击，后安全转移到马家沟村。

（二）英勇反击，白坡突围

1938年3月中旬，驻稷山县城日军集中力量围攻白坡村。战斗打响后，指导员田文莼率部占领白坡村高地抵抗，有效阻止了日军深入。驻守后箭头村的警队听到枪声，迅速驰援，但由于白坡通往马家沟的山口已被敌封锁，虽改道迂回前进，准备对敌进行侧击，终因敌炮火猛烈未能如愿。由于敌我力量悬殊，自卫总队虽进行了顽强的反击，但仍遭遇严重损失。指导员田文莼及分队长李国俊、班长赵武章等阵亡，10余人负伤。战斗结束后，由于善后工作做得不够，再加上有的领导对敌我斗争形势估计不足，自卫总队一部遂脱离稷山转移到邻县。

（三）奇袭县城，直捣敌巢

1938年4月初，根据内部情报得知，稷山城内日军主力已向乡宁县进攻，城内空虚。于是立即集合部队，直奔稷山县城。部队接近县城后，首先迅速占领泰山庙，并利用有利地形向城内进行侦察性的射击，发现城内没有什么动静，遂留一部分部队进行掩护，其余部队迂回到西城门，准备从西城门发起攻击。不料到西城门时发现城门大开，部队便长驱直入。部队进城后，一面派人打开仓库，把敌人所抢粮食分发给群众，把抢来的耕牛七八十头赶出城外，通知各村群众前来认领；另一方面派人刷写抗日标语，对群众进行抗日救国宣传，同时把留在维持会的敌伪人员召集起来集体训话，说明日本帝国主义要想灭亡中国是不可能的，要他们心向祖国，不要替日军卖命，不准欺压群众，并随时把敌情报告给政府。另外还秘密地对潜伏在维持会的我方工作人员马奔儿布置任务，要他经常与政府保持联系，向政府报告日军的动态。

当天下午，当驻河津日军数十人乘汽车增援时，部队已主动撤离县城，返回驻地。这次行动，虽未与敌直接交锋，但却为后来巧夺稷山城创造了一定的条件。

（四）巧夺县城，全歼守敌

自从上次奇袭县城后，城中守敌轻易不敢出城袭扰了，但也对有效消灭敌人造成一定的困难。那么如何有效打击城中守敌呢？经过大家充分讨论，一致认为，目前敌强我弱力量悬殊，强攻不行，只能智取。于是便认真研究制定了一个"内应外合"的攻城方案。

为了实施好攻城计划，根据方案要求，提前做了充分准备。除加紧训练部队外，一面与城内进行秘密工作的马奔儿加强联系，随时掌握敌情变化；一面还找到一位胆大心细，会拳术，善于交往，颇有爱国心，经常进出县城，与守城门的日军混得很熟的人，他就是太杜镇公所的办事员杜天雷。同时，还挑选了英勇机智的分队长白海泉及队员20人，专门训练，分别潜入城内，以做内应。

另外，这时国民党军队四十一师王旅长所率部队正驻扎在新绛、稷山一带，经过支队领导研究，认为如能争取友军支援，攻打稷山县城就更有把握了。于是陈捷弟亲自到太杜村慰问该军，并乘机向王旅长谈了夺城的想法，请求给予支持，具体负责对新绛、河津可能来援之敌的阻击。王旅长欣然应允。

为了做到万无一失，支队领导与杜天雷及城内潜伏人员反复研究攻城计划的各种细节问题，特别是对守城日军的布防情况认真研判。得知此时稷山城由日军二十师团七十八联队所属绿野中队近100人驻守。敌指挥部及主要兵力驻在盐店，4个城门各派1个班驻守，少数人员在文庙看管马匹。

1938年5月29日，再次检查了部队各方面的准备工作后，通知队员晚上早睡，下半夜出发，攻打稷山城。到了下半夜，除留少数队员守备驻地外，全部出发。拂晓前部分队员迅速秘密地到达了城东关预定隐蔽地区，严密警戒，封锁消息。30日天亮前，由杜天雷带着游击队员扮作农民，赶着车，挑着粮草，大摇大摆地到了东城门前，守城敌哨兵问清是送粮食的农民，叫天亮后再进城来。这时杜天雷回应说老乡送完粮草还要赶回去割麦打场，敌哨兵就毫无戒备地把城门打开。两个队员猛冲上去，卡住敌哨兵的脖子。杜天雷和其余队员飞奔城楼，歼灭了住在城楼里的全部敌人，迅速占领了东城门。

隐蔽在东关的突击队，看到城门一开便迅猛冲入城内，后续部队也紧跟进城，直向盐店和文庙冲去。盐店的敌人闻讯前来迎击，双方战斗激烈。此时，先头部队已有几个队员倒在街道的血泊中，战况十分危急。这时陈捷弟一面命令占领东城门的部队坚守城门，一面组织后续部队与突击队员，迎着敌人火力向前冲。正在双方对峙激战时，潜伏在城内的人员在白海泉指挥下，从敌人背后杀了出来。敌腹背被击乱了阵脚，即向盐店退去，凭坚据守。部队紧追敌后把盐店层层包围起来。

盐店是一座砖石结构、铁门铁窗的院落，龟缩在里面的敌人凭着坚固的砖石墙进行顽抗，一时难以攻破。这时，陈捷弟找到一个懂点日语的人，多次对敌喊话，敌人拒不投降，反而射击得更猛烈。当时没有重武器和炸药，只能实施火攻。于是就动员群众拿来大批柴火和油料，在火力掩护下，爬上房顶，扒开砖瓦，把浸透油料的柴火点燃扔到房中。顿时烟雾弥漫，火光冲天，坚守盐店的敌人就被埋葬在火海之中。此时驻守在文庙看管马匹的少数日军也被支队解决了。

另据报告，在战斗中未能撤回盐店的敌人，当看到盐店指挥部被烧后，有的钻入民房躲藏，有的跳下城楼逃命。陈捷弟马上下令戒严，组织人员进行搜捕。结果在群众家中及稷山塔中又搜出并击毙日军数人。侥幸逃出城外的两个敌人，也分别被马家巷村和荆平村群众抓住打死了。

此次战斗全歼守城日军近100人，除烧毁敌之武器装备外，缴获轻机枪3挺、手枪1支、步枪7支、战马20余匹；我伤亡10余人。此后队员们在城内坚持了3个多月，敌未敢来犯。稷山城的解放，打破了所谓"皇军无敌"的神话，增强了军民抗日的信心。为此，党中央机关报《解放周刊》以"内应外合巧夺稷山城"为题专门报道。

（五）自卫反顽，坚持抗战

稷山收复后，抗日民主县政府、县牺盟会、稷山支队抓紧时间恢复和加强区乡政权建设，培训军政干部。而此时阎锡山为对日妥协投降做准备，便令其新成立的第九专员公署专员尚茵培率敌区工作团（简称敌工团）推进到稷山县的佛峪口地区。又派旧军特务三团和特务四团到稷山、河津一带活动（特务第三团驻稷山），企图向汾河南北地区牺盟会掌握的抗日民主政府夺权。因此，稷山支队就成为他们首先打击的对象。

1938年7月中旬,"敌工团"团长魏纯美亲率所部,借口向我在稷山汾南地区活动的稷山支队三大队发动袭击,并将该大队包围在坞堆村,企图强行收编,遭到该大队拒绝,双方展开了激烈的战斗。得到报告后,陈捷弟立即率领一大队前往增援。经过内外夹攻迅速将"敌工团"击退,并跟踪追击到翟店街以西。由于"敌工团"在特务四团的支持下反扑过来,敌我力量悬殊,陈捷弟便命令部队边打边撤到坑东村。坑东村地形险要,东西面临深沟,北有汾河相隔,只有南面有大路可通,村四周筑有高大坚固的围墙,便于防守。部队进村后,马上部署兵力构筑工事,防敌围攻。就在部队修筑防御工事的时候,"敌工团"便连续向我发动多次围攻,但都被我强大的火力击退。这时敌人又改变战术,在村外挖壕据守,封锁汾河渡口,企图持久围困,逼我降服。

由于群众对"敌工团"不打日本侵略军反而围攻我稷山支队非常不满,所以在吃、住、对外联络等方面都给了部队极大支持,再加上驻马壁峪的特务三团团长奕明渊与抗日县政府关系和好,未介入此事件,所以城内和稷山县汾北地区社会秩序良好。在这种情况下,"敌工团"不得不采取谈判的办法,软硬兼施,企图在谈判桌上得到在战斗中所得不到的东西。

这次出面调停的是伪装成第三者的特务四团。一天该团派白营长等人到坑东说:贵军与"敌工团"的战斗,对双方都不利,只要贵军能把刘化育这个散兵游勇队伍交出来,双方就可以撤兵,和好了事。针对对方这种造谣污蔑之词和无理要求,陈捷弟立即回应道:刘化育率领的部队是我游击支队第三大队,他们在稷山汾南一带开展抗日游击战争,打击日本侵略者,深受人民群众拥护,怎么能是散兵游勇呢?魏莼美不打日本侵略者,反而污蔑友军,现在又围困我军,破坏抗战,这像一个爱国的人干的吗?这次发生的亲者痛仇者快的事件是"敌工团"挑起的,我军不得不自卫反击。要想通过谈判把三大队交过去是绝对不能答应的。魏莼美想围攻就让他一直围攻下去吧,我们相信最后胜利一定属于我军,因为正义在我军这边,人民群众拥护支持我军。白营长听后哑口无言,难以解答,便灰溜溜地离开了。

特务四团策划的所谓谈判破产后,魏莼美又幻想进一步从军事上对我方施压,于是便收买了河津一带的"红枪会"。"红枪会"是活动于河津一带的反动会道门,人数较多,他们吹嘘说参加了"红枪会"的人,只要身带神符、嘴里念咒,便可以刀枪不入。"红枪会"在群众中颇有影响,人们既恨又怕。一日,"敌工团"把"红枪会"请来,以特务四团为后盾,"敌工团"压阵,由"红枪会"打头阵,对我方发动了更大规模的进攻。在阵地上只见黑压压的人群中,一个个身披红布,手舞大刀长矛,抬着云梯,大吼大叫地向我阵地冲来。当"红枪会"冲到围墙附近时,陈捷弟一声喊打,机枪、步枪和手榴弹一齐向"红枪会"射去,打得他们丢刀弃枪直往后退。战士们边打边嘲笑地说,你们刀枪不入,就再来尝尝手榴弹的滋味吧!后边"红枪会"的人,看到神符咒语不灵,也一齐向后溃退。"敌工团"在后压阵,堵也堵不住,也只好退下阵去。

稷山支队在坑东村苦苦坚守了18天,"敌工团"伤亡

80余人，稷山支队仅伤亡几人。"敌工团"连吃败仗，打也打不下去，谈也谈不下去。这时尚茵培便凶相毕露，利用他专员的权势采用釜底抽薪的办法，发布布告，借口撤销陈捷弟的县长职务，另任崔岷为县长。陈接到布告斩钉截铁地说：我的县长是由牺盟总会推选、山西省政府委任的，尚茵培无权撤换。同时义正词严地指出：尚茵培此举目的不光是要撤换一个县长，而是要搞垮抗日政权，消灭抗日游击支队，破坏抗日斗争。当即把布告撕得粉碎。

面对如此严峻的斗争形势，部队立即召开中队以上干部会议。大家一致认为当前形势严峻，专署撤换县长的布告贴了出去，不但会引起部队内部和群众的思想混乱，而且新县长可能乘虚进城，强行接任，使我们陷入更加不利的境地，应立即突围回城，集中力量采取新的对策，对付顽固派的新进攻。据此，他们立即制定了突围计划。首先派出侦察员侦察敌情（特别是汾河两岸的情况），然后在群众中寻找了郝三有等8名水手，准备协助部队渡河。突围时陈捷弟一面派出一个分队驻守在围墙门楼上，掩护部队撤退；一面命令其余部队由水手带路，快速徒步渡过汾河，在神不知鬼不觉的情况下，安全回到城里。这样顽固派企图消灭稷山支队的阴谋被彻底粉碎。

稷山支队撤回城内后，陈捷弟一面以尚茵培撤销县长乃非法为由，坚决拒交县长职权；一面发布《告全县人民书》，揭露专员尚茵培和"敌工团"团长魏纯美的种种罪行，说明坑东村战斗真相（有些群众代表上书省政府，反对崔岷任县长）。与此同时，还加强了城内的守备，防止顽固派可能发动的新进攻。此时，因为阎锡山还不便公开撕毁联合抗日的旗帜，不得不把这件事推到牺盟总会进行调处。1938年8月，阎锡山在吉县召开第九专署军政民联合会议，在讲到稷山事件时说："专员尚茵培撤换县长，他不服从，还有我们嘛！不该派部队去打，打又打败了，还有什么话可说。"这番话充分表明阎锡山当时的个人处境和矛盾心态。

三、组成教导三总队，发展抗日游击战争

1938年9月初，省牺盟会领导人牛荫冠带着孙定国、薛克忠等人到稷山调处稷山事件。在开会研究处理这次事件时，牛荫冠首先表扬了稷山支队在反击第九专署"敌工团"挑起的武装进攻中坚持了原则，打得英勇顽强取得了胜利，对制止第九专署"敌工团"向牺盟会夺权起了重要作用。但同时又指出，为了维护国共两党联合抗日大局和党的抗日民族统一战线政策，经上级领导研究决定，让出稷山县长职务，把稷山支队带出来，与安邑支队组成"教导第三总队"。总队长由孙定国担任，陈捷弟任政治主任。从此陈捷弟便离开稷山，开始了真正意义上的军旅生涯。

"教导第三总队"以后先后编入"政治保卫队第一支队"（简称政卫一支队）和"二一二旅"，最后编入中国人民解放军太岳军区第八纵队，在抗日战争和解放战争中发挥了生力军的作用。这里值得一提的是，1947年4月8日，太岳八纵队二十四旅七十二团再次解放了稷山县城，其中七十二团的一部分就是原稷山县抗日游击支队。

第九节　清河三高组建"怒吼剧团"

1937年10月,清河镇县立第三民族高小的爱国师生,在中共抗日救国纲领和八路军抗日精神感召下,在县、区牺盟分会和学生牺盟支部的倡导和支持下,成立了旨在唤起民众抗日救亡的"怒吼剧团"。怒吼剧团的直接组织和领导者为二区牺盟特派员吕光辰和三高教师赵之梁。参加的师生有骆真、刘健、宁绳之、段文保、贾坤南、王富荣、梁忠保、支十全等30余人。剧团成立后,共排演了《救亡进行曲》《松花江上》《九一八小调》《五月的鲜花》《牺牲已到最后关头》《大刀进行曲》《保卫黄河》《救中国》等10多首抗日歌曲和哑剧《新仇旧恨》,街头剧《放下你的鞭子》,白话剧《死亡线上》《逃难》《暴风雨的前夜》《捉汉奸》《小放牛》等10余个剧目。演出时一幕幕都是对日军暴行的血泪控诉,一出出都是唤起民众奋起抗战的冲天怒吼。演出高潮时,演员个个涕泪横流,台下观众泣不成声。

怒吼剧团从腊月到次年正月共演出40余天,足迹踏遍二区以及坞堆、白池、东蒲,还有新绛阳王、刘峪、万安等几十个村庄,每到一处都得到老百姓的热情欢迎和大力支持。特别是1938年1月25日在三交村演出结束时,正在稷山指导工作的中共乡吉特委负责人李颉伯和中共稷山县委书记郑辑五、宣传委员吕光辰、组织委员赵之梁等领导分别以牺盟乡宁中心区和县牺盟会、公道团的公开身份会见了剧团师生,并一起合影留念。

此前,清河三高的进步教师赵之梁、骆真、刘健、宁绳之等人还在牺盟会的支持下,先后成立了"语文研究会""抗日读书会",组织校内外爱国青年出壁报、贴标语、搞演讲、教唱抗日歌曲,阅读抗日进步书籍等,为怒吼剧团的建立,起到了发动和引导群众的作用。

怒吼剧团的诞生有两个重要意义:第一个意义是,为共产党在稷山建立党组织做了舆论准备和组织准备。通过怒吼剧团,上级党组织发现并提拔了一批干部,其中的一些骨干力量,后来组成了中共稷山第一届县委;第二个意义是,怒吼剧团及其革命实践扩大了共产党在人民群众中的影响,剧团活动时间虽然不长,但在汾南一带广大民众中扩大了抗日宣传,在日军入侵稷山的关键时刻,对当地民众作了一次生动有力的战前动员。剧团中有很多人参加了革命,甚至献出了宝贵生命。

第十节　中共稷山(汾南)县委成立

1945年春,中共太岳五地委任命杨俊峰为书记,负责开辟稷王山根据地、发展革命武装。春节刚过,杨俊峰在五十四团一个连的协助下进入稷山,并在稷山闻喜交界处的屯元村,建立了中共稷山(汾南)县委,下辖稷山、闻喜、万荣交界处的10余个村的党组织。这样稷山再度出现汾北、汾南两个县委。此时汾南新开辟地区归中共太岳五地委领导，汾北及汾南大部分地区党组织仍属中共乡吉特委管辖。

第十一节　稷山县抗日民主政府创立

一、1945年5月，稷山县一区抗日政府成立

中共太岳五地委和五专署决定在新开辟的汾南地区筹建抗日民主政权，命名为稷山县抗日民主第一区政府，直属太岳五地委领导。并任命王文彦（又名杨吉凯）为区长，还有吴宝珠等几位工作人员，区址设吴吕村，区政府下辖吴吕、丈八、瓮村、坡底、刘家庄、石佛沟、上王尹、下王尹等村庄。

7月，为了巩固稷王山革命根据地，加强新区政权建设，中共太岳五地委、五专署决定在张才岭村成立共产党领导的稷山县第一个抗日民主政府，同时设公安局、财粮科两个工作机构，并将稷山县第一区抗日民主政府划归其领导。区划在原一区的基础上扩展至20多个村庄。抗日民主政府组成人员为：县长董警吾、公安局负责人张熊（王斌）、财粮科负责人史国鲜、一区区长杨吉凯（王文彦）。

同月，稷山县人民武装委员会宣告成立，隶属太岳第五军分区和中共稷山（汾南）县委双重领导，主要负责根据地民兵工作。武委会主任为中共稷山（汾南）县委委员王明珠。

二、10月，中共稷山一区区委成立

贾稷凯奉命接任稷山县抗日民主第一区区长。刘廷臣任副区长。区公所由吴吕村迁至丈八村。并开始组建区武委会、区干队及农、青、妇等群众组织。

同月，中共稷山（汾南）第一区区委在下王尹成立，区委下辖第一区政府辖区内的各村党组织。区委负责人为：张继先、许一新。

11月，稷山抗日民主第二区政府及中共稷山县二区区委成立。随着稷山汾南解放区的扩展，中共稷山（汾南）县委和稷山县抗日民主政府决定，以新绛县第二区抗日政府为依托，在清河镇东北部建立"稷山县抗日民主第二区政府"，区长由马思恭担任。

同月，中共稷山（汾南）县委决定成立中共稷山县第二区区委，下辖第二区抗日民主政府辖区内的所有村级党组织。

1946年春，稷山县抗日民主第三区政府及中共稷山县三区区委成立。稷山县抗日民主政府在望嘱、徐家庄、桥南一带建立了稷山县第三区抗日民主政府，设址望嘱村，区长孙橡。

同时，中共稷山（汾南）县委决定成立中共稷山县第三区区委，下辖第三区抗日民主政府辖区内的所有村级组织，李达为负责人，区委设址庄利村。

此后至1945年8月抗日战争胜利结束，稷山县抗日民主政府在党的领导下积极开展以抗击日军为中心的革命工作，中共稷山县委和各级组织从无到有不断发展，各级党组织经受了血与火的考验，不断走向成熟，广大党员认真贯彻党的对敌斗争方略，团结和带领稷山老区人民群众浴血奋战不断走向胜利。稷山党组织从几个支部和数名党员，发展到36个支部和256名党员。其中郑辑五、赵之梁、徐锡庆、李银来等一批稷山党的早期负责人和不少共产党员，先后为革命贡献了宝贵的生命。历史将永远铭记他们的丰功伟绩，他们的名字将永远载入稷山史册。

第十二节　稷山县解放

1947年4月7日，奉命执行攻打稷山县城任务的太岳军区所属八纵队二十四旅，在旅长刘金轩、政委李跃带领下，从曲沃西许村出发，急行军百余里，于8日凌晨到达稷山城下。首先以迅雷不及掩耳之势攻占了甘泉、泰山庙一带高地，同时以政治攻势解决了东关南北巷外的守敌，把县城团团围住。

8时许，攻城战役正式打响。在炮火和炸药的袭击下，该旅所属七十、七十二两团分别从东西两门攻进城内，经过40多分钟的激烈战斗，稷山县城宣告解放。此役，生擒阎县长冯明德、保警大队长王锡智、政治主任曹益亭等1270余人，毙伤敌100余人，缴获各种枪支1500余件和大量战利品。九时许，全城群众奔走相告，欢庆解放并夹道欢迎人民子弟兵。饱受沧桑的稷山人民从此获得新生。与此同时，中共稷山（汾南）县委，根据太岳第三军分区令亦进驻县城，协助晋绥十专署和中共稷山（汾北）县委共同组建稷山县民主政府。县长由部队干部李忠民担任。

中华人民共和国成立后的稷山老区在党的领导下，积极加强和完善地方组织建设，紧锣密鼓开展工作。4月，中共晋绥十地委副书记廉怀德到稷山指导工作，决定由曹海德、张秀成、马迎龙组成新的县委。曹任县委副书记兼管宣传，专事党务工作。张等成员负责政府工作，马迎龙为组织委员。同时将原下属区委调整为高渠、化峪两个区委，区委书记分别是：王兆堂、马迎龙（兼）。同时将汾南部分党组织移交中共稷山（汾南）县委。中共稷山（汾南）县委根据变化了的形势和上级指示精神，决定将原所属一、二、三区区委，调整为清河、翟店两个区委，区委书记分别是华青和刘云山。

是月，张秀成接替李忠民担任稷山县民主政府县长，相继建立秘书处、民政科、财粮科、文教科、公安局、税务局、邮电局、银行、贸易公司等9个工作机构及城关、下廉、下迪、高渠、化峪、北营（后划归乡宁）等6个区政府。

8月，根据晋冀鲁豫边区和陕甘宁边区政府关于太岳、吕梁划界问题的指示，中共太岳三地委、三专署决定将原稷山清河、翟店两区及原河津里望、通化两区合并为稷河县，并宣布成立中共稷河县委、稷河县民主政府。县委、县政府设址翟店镇。原中共稷山（汾南）县委随之撤销。原"稷山县独立营"也改称"稷河县独立营"。县委、县政府主要负责人分别是：县委书记杨俊峰、副书记冯培文、组织部部长王建平、宣传部部长华青。县长赵星三（参加县委）、副县长邱俊生。县政府下设秘书处、战勤科、财政科、公安局、税务局、银行、贸易公司等办事机构。

是月，中共晋绥十地委任命刘振锡为中共稷山县委书记，吕光辰为稷山县民主政府县长。

10月，中共晋绥十地委调整了中共稷山县委：郭兆瑛任县委书记兼县长，王海升任县委委员兼组织部部长，段振华任县委委员兼公安局局长，马迎龙任县委委员。县委下设秘书办公室、组织部、宣传部、妇女委员会、青年委员会5个工作机构。下辖5个区委：一区（驻下廉城）书记冯兆风，区长李达；二区（驻仁义）书记杨振杰，区长姚西明；三区（驻下迪）书记智廷凯，区长侯涌；四区（驻化峪）书记曹鸿裕，区长秦子杰；五区（驻北营）书记冯德让，区长冯德让（兼）。同时，军分区派人到稷河县帮助土改，太岳第三军分区下派40余人到稷河县帮助土地改革工作，发动群众组织贫农团、建立农会、妇女会、民兵、儿童团等群众团体。

是月，赵一陶调任中共稷河县委书记。中共太岳三地委任命赵一陶为中共稷河县委书记，全县土地改革运动全面展开。12月，赵一陶带领全县县、区领导干部和50余名土改工作队员到闻喜后宫参加整党学习。

1948年1月，中共稷河县委在翟店镇召开反霸除奸大会，押阎县长冯德明游街示众，大灭了反动派的威风。

1948年春，稷河县独立营奉命编入中国人民解放军正规部队。稷河县独立营在抗日斗争中诞生，在解放战争中发展壮大。从10余人发展为3个连共400余人，在维护稷山县社会治安、保卫新生政权的同时，还远赴风陵渡值勤，为民族独立解放做出了重要贡献。2月，中共稷山县委书记郭兆瑛出席了晋绥区党的组织工作会议，聆听了毛泽东主席在晋绥干部会议上的讲话。3月，晋绥组织工作会议结束后郭兆瑛调回地委，王海升被任命为中共稷山县委副书记，主持县委全面工作。董子俭被任命为县长。此时，全县土改工作基本结束，广大农村开始组织变工互助，积极发展农业生产。

为了支援全国解放战争，根据上级指示，1948年3月，县委、县政府首次在全县开展大规模的扩军活动。全县人民积极响应，父送子、妻送郎、兄弟相争上战场的动人情景随处可见。此次扩军，全县共向部队输送新兵300余人，《晋绥日报》为此专题报道。

1948年8月，稷河县撤销，稷河县原属的清河、翟店两区归稷山，里望、通化复归河津。稷山汾南汾北的党政机构重新合并，同时组建起新的中共稷山县委和稷山县民主政府。合并后的中共稷山县委、稷山县民主政府组成强有力的领导班子，地委委员王晓林兼任县委书记，王海升任县委副书记。委员有田英、曹海德、马迎龙、段振华、司传书。县委下辖城关（一区）、清河（二区）、翟店（三区）、化峪（四区）、仁义（五区）等5个区委、区政府。县委下设秘书办公室、组织部、宣传部、妇女委员会、青年委员会等5个工作机构。政府下设秘书处、民政科、财粮科、文教科、公安局、税务局、邮电局、银行、贸易公司、建设科、法院，后又增设工商科、司法科、农业科等办事机构。

1948年8月15日，稷山再次大规模扩军。稷山新兵团组成，月余后建制增至10个连和1个归队连，共报到新兵1768人，经审查实招兵员1582人。

1948年12月，中共稷山县委召开扩大会议，对全县第二期土地改革工作和建党、建政等重大问题进行了全面部署安排。

1949年1月,中共稷山县委召开第三次全体会议,地委书记廉怀德到会并传达了晋绥党代会精神。县委书记李晓林、副书记王海升结合稷山实际,对全县各项工作进行安排。是月起,一个取缔"一贯通"反动会道门的群众运动在全县轰轰烈烈展开。

1949年3月,稷山成立支前总队,为支援全国解放战争,以县武委会主任王怀仁任政委兼党组书记的稷山县支前总队组成,共计1700余人。同月,支前队跟随中国人民解放军十九兵团进军大西北,先后参加了解放宝鸡、兰州、宁夏等战役,行程数千公里,历时8个多月,为西北人民的解放做出重要贡献。支前总队于同年11月胜利返县,受到县委、县政府及人民群众的热烈欢迎。1949年6月,根据上级指示,中共稷山县委抽调一批优秀干部组成西进工作团,奔赴西北新区开展工作。1949年夏,稷山人民踊跃支前。中国人民解放军野战部队路经稷山开赴前线,稷山人民群众在县委组织和领导下,热情欢迎子弟兵的到来,并积极开展支前工作。据不完全统计,全县共整修公路25公里,大车道60公里,为部队提供粮食、柴草、蔬菜、油盐216万余斤,做军鞋50000余双,造木船36只,出动担架队745人次,动用铁轮大车200余辆,民工600余人,为部队运送炮弹16万余斤,并向人民子弟兵捐赠了大量的慰劳品,得到部队首长和战士们的好评。

1949年7月1日,中共稷山县党组织活动公开。正值纪念中国共产党诞生28周年之际,中共稷山县委在稷

第七章 稷山老区革命斗争先行者

王庙隆重召开全体党员大会。县委书记李晓林在会上郑重宣布："我党现已掌握了政权、党公开的条件已经成熟，今后党组织在各单位公开活动。"与会的党员互相介绍，公开身份，互称同志，心情十分激动。从此，稷山县党组织的活动终于由秘密转入公开，进入一个崭新的历史阶段。

1949年9月20日，稷山县入川工作团组成。中共稷山县委再次从全县抽调优秀干部30人，组成"稷山县入川工作团"，由县长薛子谦带队，赴临汾参加集训。开始编入中国人民解放军第四纵队四大队二十五中队，月余后改编为"西南工作团"随军南下四川。这批干部德才兼备，忠于职守，在以后的长期革命斗争中为革命做出重要贡献，其中绝大部分陆续走上各级领导岗位。

解放战争时期，稷山老区人民英勇顽强斗敌顽，解放战争做贡献。中共稷山县委及其各级党组织，紧跟党中央伟大战略部署，紧密团结带领广大党员和革命群众，努力发展革命武装，积极开展游击战争，不仅赢得了稷山早期解放，而且为打倒国民党反动统治解放全中国，在人力、物力、财力等方面都提供了大力支持。这一时期，在县委的坚强领导下，党的组织不断壮大，各级民主政权陆续建立和巩固，至1949年10月，中共稷山县委共下辖6个区委，103个支部，拥有党员891名。

第八章　稷山老区革命斗争薪火相传

第一节　朱总司令在稷山县的革命活动

1936年"西安事变"和平解决，国共两党实现第二次合作。根据与国民党达成的协议，中共中央军委发布命令将中国工农红军改编为国民革命军第八路军（9月改称第十八集团军）。朱德任总指挥，彭德怀任副总指挥，叶剑英任参谋长，左权任副参谋长，任弼时任政治部主任，邓小平任政治部副主任。下辖一一五、一二〇、一二九3个师，全军共30000余人。改编后八路军各部队举行了抗日誓师大会，随即东渡黄河开赴华北前线北上抗日。

1937年9月6日，朱总司令率领八路军总部从陕西云阳镇出发，9月15日到达韩城县芝川镇，9月16日朱总司令同任弼时、左权等渡过黄河到万荣县荣河镇，18日由河津里望进入稷山县境。先经太宁、西位、小宁，在翟店稍事休息后，又经太阳、西里、东里、清河、南阳城，当晚夜宿北阳城村。次日，部队过沟往东经新绛北侯、三家店开往侯马。在此之前，八路军一二九师也从此经过，刘伯承将军还向清河欢迎的群众发表简短讲话。八路军前后途经稷山县大约20多天。

朱总司令率部北上抗日途经稷山时间虽不长，但它却

第八章　稷山老区革命斗争薪火相传

是宣传队、播种机。八路军将士们的言行，让人们在黑暗中看到光明与希望，他们把革命火种深深地埋在了后稷故里这块肥沃的土地上。

一、宣传抗日主张

大约是9月17号，从牺盟会传来的消息说朱总司令近日要从翟店经过，顿时整个翟店镇沸腾起来了，无论工人、农民、商人、学生，男女老少都热切期盼着总司令的到来。尤其是稷山第二高级小学师生们，更是欣喜若狂，生怕错过时机见不到朱总司令。他们一面照常上课，一面派一位老师整天守在校门口观望。9月18日，同学们正吃早饭，邢中山老师回来报告说："大概是朱总司令过来啦。"校长薛中元一听，马上集合全体师生到校门口夹道欢迎。看见一位身着粗布军装、身材魁梧、浓眉大眼的首长从马上下来，面带笑容地向欢迎人群招手致意。薛校长认定他就是朱总司令，立刻迎上前去，一方面代表师生向八路军的到来表示热烈欢迎，一方面深情邀请朱总司令到学校休息，得到总司令的欣然同意后，朱总司令和任弼时主任在师生的欢呼声中走进学校。刚一坐定，总司令便吩咐随从人员取他的名片。一个士兵立即跑到校外取来名片盒子交给总司令。朱总司令站起来打开盒子亲手给每个老师送了一张名片，上面印着"国民革命军第八路军总指挥朱德"，落款是"四川仪陇"。老师们接到名片如获至宝，喜出望外。接着校长就请总司令给师生讲话，朱总司令答应了。校长很快把学生集合到教室里，朱总司令用浓重的四川口音讲话。讲话的内容大意是：日本帝国主义企图进一步吞并全中国,中华民族到了生死存亡的危急关头。现在国共合作一致对外,这次八路军开赴华北前线,不把日军赶出中国决不罢休。并勉励同学们在后方好好学习,做好抗日救亡工作。朱总司令讲完后,任弼时主任又给师生讲了抗战形势和共产党的民族统一战线政策,师生们深受教育和鼓舞。

二、接见牺盟会干部

朱总司令和八路军总部要从稷山经过的消息传到清河镇,县二区牺盟会负责人吕光辰、赵之梁等认真研究欢迎的有关事项。确定由骆真、冯育贤具体负责欢迎有关事宜,并要求他们争取机会向朱总司令等首长汇报一下"牺盟会"的工作。

9月18日中午,骆真、冯育贤和青救会的同志把欢迎地点从村外移到村里的池泊边。大约中午过后首长们过来了,骆真和冯育贤急忙上前联系说,我们是搞抗日救亡工作的,听说朱总司令过来,我们前来欢迎。遗憾的是,总司令已经过去啦。好在队伍中有一人,正是总司令的爱人康克清,她是这支小队伍的指导员,她与大家热情相见并代表总司令向大家表示感谢。在给欢迎的人们做简短讲话后,继续东进。

为了能见到朱总司令,骆真、冯育贤立即赶到北阳城村八路军总部驻地,说明来意后,接待的同志便把他们领到一家砖门楼院(当铺院)里介绍给朱总司令。朱总司令热情地招待他们坐下,认真地听取了他们关于牺盟会工作的汇报后说:"你们的抗日救亡工作搞得很好,这就是以实际行动支持抗战。以后你们一方面要继续发动群众,支援前线,另一方面还要提高警惕,防止后方敌人的破坏。"临别时朱总司令还送给他们每人一张名片,鼓励大家继续努力,进一步做好抗日救亡工作。

当天晚上,驻扎在清河一带的部队军乐队和"火线剧团"还分别在北阳城和清河舞台为当地群众表演极具教育意义的抗日救国节目,在群众中点燃了革命火焰。

第二节 左权将军在稷山夜写家书

和朱总司令同住北阳城的八路军副参谋长左权将军,在"九一八"东北沦陷六周年之际给远在湖南醴陵的叔父写了一封感人肺腑的红色家书:

叔父:

你六月一号的手谕及匡家美君与燕如信均于近日收到,因我近几月来在外东跑东(西)跑,值近日始归。从你的信中已敬悉一切,短短十余年变化确大。不幸林哥作古,家失柱石,使我悲痛万分。我在外奔走,家中所持者全系林哥,而今林哥又与世长辞,实使我不安,使我痛心。

叔父!我虽一时不能回家,我牺牲了我的一切幸福为我的事业来奋斗,请你相信这一道路是光明的、伟大的,愿以我的成功的事业报你与我母亲对我的恩爱、报我林哥对我的培养。

卢沟桥事件后迄今已两个月了，日本已动员全国力量来灭亡中国。中国政府为自卫应战亦已摆开了阵势，全面的战争已打响了。这一战争必然要持久下去，也只有持久才能取得抗战的胜利。红军已改名为国民革命军，并改编为第八路（军），现又改编为第十八集团军。我们的先头部队早已进到抗日的前线，并与日军接触。后续部队正在继续运送，我今日即在上前线的途中。我们将以游击运动战的姿势，出动于敌人之前后左右各个方面，配合友军粉碎日敌的进攻。我军已准备着以最大的艰苦奋斗来与日本周旋。因为在抗战中，中国的财政经济日益穷困，生产日益低落，在持久的战争中必须能够吃苦，没有坚持的持久艰苦奋斗的精神，抗日胜利是无保障，拟到达目的地后，再告通信处。

专此敬请

福安

侄 自林

九月十八日晚于山西之稷山县

两位婶母及堂哥二嫂均此问安。

第三节 红军东征回师途经稷山播撒革命火种

1936年，奉命回师西渡的东征红军于3月18日至23日分两路经稷山入陕。一路由襄汾进入稷山县境经三界庄、仁义等村直至开西村；一路由新绛入稷山境，经太杜、高渠到达县城附近的贾峪、下柏等村，并先后占领城北的大

第八章　稷山老区革命斗争薪火相传

佛寺、真武庙、泰山庙3个制高点。次日，红军又沿稷河公路西进，途经下迪、西薛、张开东、张开西、路村庄、四合庄、佛峪口等村。与北路红军会师后进吕梁山渡河入陕。在稷期间，红军所到之处积极宣传中共的抗日救国主张，开仓济粮，惩治恶霸地主和土豪劣绅，在人民群众中产生了广泛而深刻的政治影响。据不完全统计，红军在稷期间，共开地主粮仓139个，为贫苦农民发放粮食750多石和大量衣物。

1936年11月，稷山籍在石家庄国民军官学校、太原成成中学、新民中学、工业专科学校及新绛绛垣中学就读的贺宝光、景同谋、何甲寅、杨稳才、卫治邦、赵国璧、何行敏等七名进步青年，在"一二·九"学生运动的影响下，毅然弃学返乡，在西渠村小学成立了"民众抗日救亡会"。后办公地点转移到县城旧巡警营一个小院。"救亡会"成立后，全体成员自编自印各种演讲稿和宣传材料，深入各村进行演讲宣传。在他们的宣传影响下，高渠、山底、清水庄、杨赵等村也陆续成立起民众抗日救亡会，开稷山民众抗日救亡之先河。

是年寒假期间，稷山县南阳村在运师读书的姚益泰，自发组织学生三四十人以抗日救亡工作团的名义，回稷山开展抗日宣传和募捐活动。募捐活动共进行了20余天。同学们冒着严寒，自带干粮，自备宣传道具，夜以继日地活动在稷山县城周边乡村，给群众讲述"抗日救亡，人人有责，有钱出钱，有力出力"的道理。此次活动，募捐数量虽不算大，但却在民众中产生了一定的政治影响。

第四节　八路军稷山县革命活动二三事

抗日战争期间，八路军北上抗日途经稷山，稷山老区士、农、工、商和各界民众群情振奋，爱国热情空前高涨，就连当时旧县政府、区政府的人员也都加入迎接的队伍。村村都设有茶水站，都有专门的招待人员。村边路口都摆着桌子围着桌裙，村里的头面人物穿着长袍、戴着礼帽，牺盟会工作人员、学生及工商界人士则拿着五彩旗，高呼欢迎八路军北上抗日的口号，列队在村外迎送。过路的八路军，到人多的地方都有两位负责人和群众见面讲话，宣传毛主席、朱总司令抗日救国的主张。各界民众也确实把抗日救亡的希望寄托在八路军身上，一听到八路军在街头讲话，不论男女老少，立即从四面八方涌来，仔细听讲。

八路军每一个连队都有专人负责宣传工作，他们一到村边就写起"打倒日本帝国主义""驱逐日本帝国主义出中国"等大字标语。前边部队用黑笔写过去了，后边来的同志找不到适当地点，就用红笔在旁边再写一条。在村里人多的地方，他们还张贴或散发抗日救国的传单。八路军住在村里，不论在哪家，都是先扫地担水，第二天清早临走之前，还要把屋里、院里再打扫一遍，把水缸挑满，借用群众的东西，哪怕一碗一筷也要归还原主。村子里的乡亲们说："红军就是好！八路军就是好！自古以来没有过这样好的军队。"西里村李月茂开了两个饼子铺，八路军前后过了 20 多天，竟然没有一个人白吃过他一口饼子。

事后,李月茂逢人就说:"开天辟地以来,没有见过这样好的军队。"小宁村张续宗当时种了几亩甜瓜,想送几个给八路军吃,硬是没送成。他惋惜地说:"这样好的军队,真叫人心里过意不去,他们为挽救民族危亡,远离亲人北上抗日,我连一口甜瓜都没送到他们嘴里,让人心里难受。"八路军军纪严明、秋毫无犯的良好作风,深深烙印在老区人民心中。

第五节　中共稷山县委建立的曲折历程

1937年7月,抗日战争全面爆发。山西省委为了加快地方党组织的建立和发展,于11月初建立中共曲沃特委,由组织部部长李颉伯负责稷山、新绛、河津各县工作。当月,李颉伯到稷山,根据殷志平的推荐,建立了第一届中共稷山县委员会。

1936年夏天,红军东征返回陕北时于稷山过境,在群众中留下良好印象。为了防范红军,阎锡山政府一面加征煤炭税,组织防共保卫团,防备围城攻城;一面大肆捕杀无辜群众,声称"捕杀一个红军'探子'奖银洋100元"。如此一来,身上带红绳、小镜的都成了嫌犯,搞得人心惶惶,老百姓苦不堪言。

红军过境时,进步青年吕光辰正在北阳城村小学任教。此前他与黄克宽等进步青年时常交往,对共产党有一定的了解,知道共产党是革命的,是为穷苦百姓谋解放的。但由于没有亲身感受,加上谣言四起,他只能在迷惑中坐以观变。红军离开稷山不久吕光辰回家探视亲友,路过下柏村时,细细看了墙壁上的红军标语,其内容让吕光辰精神为之一振。在亲戚马聚福家,亲友们又讲了不少红军在村期间纪律严明、亲民爱民的生动故事,吕光辰对红军有了更加全面深刻的认识。

总之,红军过境扩大了共产党的影响,揭穿了阎锡山的欺骗宣传,也使进步青年吕光辰从内心里对党更加敬仰。1936年冬,山西牺牲救国同盟会派工作员到稷山开展抗日救亡宣传,吕光辰参加了牺盟会。

1937年阎锡山准备组建编村,要求各地通过选举产生候选人并赴太原受训。选举时,吕光辰得票最多,但因为得票第二多的聂瑞基是国民党党员,赴太原受训时,吕光辰只能屈居候补。受训的地点在太原南门外,列为国民兵军官教导第七团,内容主要是政治、军事训练。学员们对政治主任杨贞吉那套宣传不满意,起哄不让其讲话,杨贞吉气得腮上出了个大疮,好长时间不能讲话。受训期间,指导员征集学员签名,要组建志愿性质的抗敌决死队,吕光辰报了名。后来又调来一个指导员,找学员个别谈话征求意见,要求参加自强救国同志会,说是什么秘密组织。恰巧这时吕光辰在街上碰到了黄克宽(黄那时住反省院,但可以在街上活动),便问同志会这个组织是不是进步的。黄回答说不知道,劝吕深入了解一下再考虑是否参加。经深入了解,自强救国同志会带有反动性,吕光辰拒绝了指导员的要求。不久"七七事变"爆发,国民兵军官教导团移至介休草草结束。吕又返回稷山继续到北阳城学校任教。

第八章 稷山老区革命斗争薪火相传

这年10月县城火神庙唱戏时吕光辰回到老家，有个姓贾的（后来了解叫贾全明，万泉人，系汾南工委组织部部长）找到家与吕谈话，说他从老黄（黄克宽）处知道了吕，询问了吕的家庭情况。贾全明说，为了推翻万恶的旧社会，必须组织起来进行斗争，动员吕光辰参加组织。吕光辰当即表示，愿意接受党的任何指示，做任何工作都毫无顾虑。但他担心自己作为一个共产党员，会不会能力不足。贾全明对吕说，组织上已了解了他近几年来的情况。并指出，单凭个人斗争不会取得什么结果，反会遭受无谓的牺牲，必须参加组织，把绝大多数穷苦群众联络起来，力量才更大，成绩才更大。吕光辰坚定了信心，表示愿意参加党的组织。贾全明让吕光辰今后可与郑辑五单线联系，接受指示（郑辑五当时在主张公道团担任第一区团长），或者到牺盟会工作，或者到决死队工作。贾走以后当晚吕光辰就与郑辑五取得联系，商定先到牺盟会工作一段。吕光辰随后找到牺盟会特派员殷志平，担任了县牺盟会协助员，并由殷志平介绍参加了中华民族解放先锋队，不久被调到二区清河镇担任二区牺盟特派员兼清河镇编村村长。

11月20日，中共乡（宁）吉（县）特委组织部长李颉伯到稷山传达上级指示，郑辑五、赵之梁和吕光辰参加，研究建立地方党组织和组织发展。地址在西门内修仁里巷28号吕家东房。会议决定正式建立稷山党的县级地方委员会，郑辑五任书记。赵之梁和吕光辰办理入党手续后，分别担任组织委员和宣传委员。关于发展地方党组织问题，原则上是郑辑五负责一区（城关），吕光辰负责二区（清河），赵之梁负责三区（翟店）。第二天吕光辰和赵之梁填了入党志愿书，郑辑五是吕光辰和赵之梁的介绍人，吕光辰和赵之梁又互相是介绍人，最后共同到西南城角河滩的一个小庙举行了入党仪式。首先由郑辑五介绍了吕光辰和赵之梁的情况，继而宣誓，最后由李颉伯代表上级党组织讲话。

仪式结束后，郑辑五和李颉伯仍返回城内，吕光辰和赵之梁过桥分赴二、三区工作。到清河镇后，吕光辰通过深入了解和实际观察，觉得陈兴华可以作为第一个发展对象。后来经过多次谈话教育，重点培养，并根据陈兴华在组织群众开展争取合理负担斗争中的表现，吕光辰、郑辑五、赵之梁共同研究，决定吸收陈兴华为中共党员。吕光辰向陈兴华口头通知了组织决定，并告陈兴华要在争取合理负担斗争积极分子中物色新的对象，准备发展新的党员。

后来在革命斗争过程中发现，二高教师骆真虽然出生在富裕家庭，但在抗日救亡运动中表现突出，特别是在争取合理负担斗争中，能勇敢地站在贫苦农民一边，与清河村的"富人会"作坚决斗争，所以决定把骆真确定为第二个发展对象，并由赵之梁与他谈话。同年，这些地下党组织成员还组织了怒吼剧团，到二区各村巡回演出，广泛宣传，对抗日救亡运动的开展起到极大的鼓舞作用。

1938年3月3日，稷山沦陷前一天，吕光辰回到牺盟会时，李颉伯也从特委赶到稷山，连夜开会研究决定组织上山打游击。次日上午，县领导机关和一大队、三大队先行出发向北山转移，当晚县委安全转移到马家沟，吕光辰被分配到三大队任政治工作员。

4月初，李颉伯组织各县负责人在白坡村开会时遭日军包围,战斗失利。李颉伯率领稷山县自卫队转移到新绛县苏村时指示吕光辰和赵之梁返回稷山,继续坚持工作。

同年11月,中共乡吉特委为了加强党对牺盟会的领导,委派邵泽民到稷山负责组建了中共稷山牺盟党组。吕光辰任书记,赵之梁任组织委员、马七锋任宣传委员。牺盟党组成立后在上级党组织的领导下,积极开展工作,直到"晋西事变"发生。

第六节 "晋西事变"前稷山县党组织发展状况

1937年,经中共山西特委特派员阎子祥介绍,新稷河中心县委书记兼牺盟会乡吉中心区特派员乔明甫联系上居住在新绛县的李永秀,同时又联系上曲沃特委组织部部长李颉伯,秘密成立中共新绛县委员会,李永秀任县委书记。1938年日军侵占新绛,中心县委撤销。不久上级党组织在乡宁县章冠村成立晋西南党的领导机关中共乡吉特委,具体领导这一带党的地下工作。

1938年夏天,特委派李永秀到稷山县担任县委书记。当时的特委书记赵守功要求李永秀在稷山开辟党的工作时要发挥好5个党员(吕光辰、赵之梁、陈兴华、骆真、徐锡庆)的作用。吕光辰时任稷山县牺盟会特派员,赵之梁任公道团团长,陈兴华、骆真住在清河镇,徐锡庆在三区牺盟会工作。根据特委指示,李永秀到稷山后先和吕光辰接头,详细了解了稷山县党组织发展情况,并根据当时的实际情况，在 5 个党员中选择陈兴华、骆真参加中共稷山县委工作，李永秀任书记，骆真任宣传委员，陈兴华任组织委员。

陈兴华家住清河镇东门外，一个大院几孔窑。老父亲不管闲事，其弟年轻经常不在家中，周围没有邻居，是个僻静之处，适宜做秘密工作，因此这里就成为当时稷山县委的根据地。陈兴华当时已 40 多岁，以卖凉粉为生，骆真在清河县立三高任教师，他们的任务主要是搜集日伪、蒋阎、土匪各方面的情报及本村的动态。李永秀则以牺盟会工作人员的身份奔走于汾南、汾北开展党的秘密工作。由机关到农村，一个一个地研究发展对象，每月到特委汇报一次。至 1939 年底，除机关支部外，在清河、东里、西里、小宁、翟店、苑曲、马家巷、吴城、下迪、山底、化峪、徐家庄等村庄发展党员 200 多人。同时也建立了区委组织，参加区委工作的有刘建、王兆堂、李银来、贾超然、杨俊峰、薛三元、贾根发等人。

当时县牺盟会机关驻汾北山底村，二区驻清河，三区驻翟店，区委组织对开展党的秘密工作发挥了重要作用。

东里村的杜甫（原名程佩铎）是小学教员，其父是个旧文人，家中富有，雇有两个长工。杜甫把两个长工都介绍入了党，后又介绍他们到特委机关工作。

在稷山县党的发展过程中，马家巷的李银来、化峪镇的路有才、苑曲村的刘建等都发挥了积极作用。李银来在马家巷和附近村发展了不少党员。马迎龙、马七锋、苏天福等后来都成长为县级以上干部。吴城有个党员，自日军侵占稷山后，就在汾河北岸摆放了一只小船，藏在小树林

第八章　稷山老区革命斗争薪火相传

里，随时帮助党的同志渡河。苑曲村薛辰龙被选派到敌青年队当兵，后来党内一位女同志被捕，按照党的指示，薛辰龙千方百计救出了该女同志，并一同逃出虎口，到晋南工委去工作。1939年12月，徐锡庆、郭熙洽在下庙集会上发现了两个"敌工团"匪徒，经党组织批准，徐锡庆、郭熙洽把两个匪徒击毙在汾河岸上。

1939年冬天，特委郭达到稷山帮助工作，县委派程佩锋协助郭达在马家巷搞支部教育整顿。后来郭达又将杨跃调到稷山参加县委工作，杨跃与李永秀在清河接上头，时间不长即回新绛。稷山不少党员同志后来在革命斗争中光荣牺牲，徐锡庆在曲沃做内线工作，在襄汾某地遭敌特暗杀；郭熙洽在佛庙岭战斗中牺牲；李银来在太岳区牺牲；赵之梁在晋东南因病去世。

1939年12月"晋西事变"发生后，上级党组织通知各县县委书记到稷王山二一二旅驻地开会，李永秀和特委郭达参加了会议。会上，八路军北沙支队支队长北沙向大家宣布，几天后二一二旅就要撤走，凡在地方上工作有困难的同志一律随军撤离，要求各县立即研究出名单交部队。当晚敌人分九路围攻稷王山，当县委、特委的同志们随军撤到刘和村时，稷王山已是炮声隆隆，火光满山。次日，李永秀到清河镇与陈兴华、骆真等县委领导研究决定了随军撤走人员的名单。后来，党组织又将李永秀调回新绛县工作。

第七节　稷山县地下革命斗争

1940年4月,党组织把王守业从襄陵县的汾东派到稷山县做党的地下工作,担任东北区区委书记,主要任务是"职业化、群众化,很好地隐蔽起来,扎下根再从事工作"。遵照党的指示,王守业到稷山后先在离城不远的甘泉村住下。当时因为这个村没有党员,不利于开展党的工作,又搬到桐下村与党员李海全(中华人民共和国成立后在军分区工作)搭伙,以弹棉花为掩护开展工作。王守业白天弹棉花,晚上便到附近村党支部了解情况,教育党员"做好人,办好事",广泛团结群众。在桐下村,王守业还发动党员组织家乐会,教育基层群众,慎重地发展党的组织。农忙时帮助群众春耕秋收,和群众相处得非常融洽,为开展党的工作奠定了良好基础。因此,县委开会多在桐下村,来往的党员干部也乐意在桐下村多住几天。当时的地委书记张涛在桐下村就住了好多天,完成任务后安全离去。1942年夏秋之际,县委书记王波也转移到桐下村,以压面条为业隐蔽起来。由于长期弹棉花,加上经常晚上活动,王守业患上了气管炎。1942年秋,王守业改做小贩,挑起货郎担走村串巷联系党员。当时许多党员家属都把王守业叫王大(对买卖人的称呼)。

"晋西事变"后,郭兆英到稷山任地下党县委书记,王波任组织部部长,冯培文任宣传部部长。郭兆英隐蔽不周暴露,被党组织调离。此后,冯培文打入阎顽稷山"精建会",王波担任县委书记,苏天福继任县委组织部部长

第八章　稷山老区革命斗争薪火相传

兼西北区委书记，王守业则担任县委宣传部部长兼东北区委书记，王守业之后，王明珠接任东北区委书记。

1942年冬，王守业到中共晋西南工委学习，同行的还有稷山的曹海德、杨智，万泉的黄鸣礼等。王守业参加的是县委书记学习班，学习的主要内容是《新民主主义论》和《论政策》，指导党的各级组织按照"隐蔽精干，长期埋伏，积蓄力量，以待时机"十六字方针开展地下斗争。学习结束后，晋西南工委决定调王波回工委，王守业则担任稷山县委书记。

王守业回稷山后，为适应革命斗争形势需要，由桐下村搬到汾南翟店镇，与共产党员冯普照一块肩挑货郎担逢集赶会，以此为掩护秘密开展党的工作。这一时期的稷山县委地下工作，主要做了三件事。

一、整顿党的组织

晋西事变发生后，稷山县身份公开的党员大部分随二一二旅撤离太岳区，留下的党员也暂时隐蔽起来。为了提高党的战斗力，王守业首先抓了恢复和整顿党组织工作。经过大家共同努力，不仅健全了县委的领导班子，而且逐步调整和完善了5个区委班子及其所属支部。在东北区委建立了7个支部；西北下区区委建立了10个支部，西北上区区委建立了4个支部；汾南二区区委建立了6个支部，汾南三区区委建立了4个支部。党员在原有的基础上发展到160余人。1943年，由于阎顽对村区的统治进一步加强，上级决定再撤离一部分党员到中共晋西南工委。这时稷山撤走的和不符合条件被清除的党员约40余人，保留下来的仍有100余人。经过整顿稷山党组织的战斗力有了明显提升。

二、加强党员教育工作

1941年,晋西南工委9月会议之后,党在敌占区的工作方针已经明确,为了加深党员对"隐蔽精干,长期埋伏,积蓄力量,以待时机"方针的理解,坚定对敌斗争的勇气和信心,县委采取秘密培训、上门座谈等多种方式,对党员进行教育。与此同时,还经常对党员进行革命气节、保守党的秘密的教育。要求每个党员忠于组织不叛党,严守秘密不乱讲。在县委教育下,绝大多数党员都做到了这几点。如区委书记曹海德多次遭敌人追捕,在敌人严密监视的危急情况下,仍坚持对敌斗争,机智勇敢地完成党交给的各项任务。苑曲村党支部书记、县委交通员刘有儿被敌人抓捕之后,任凭严刑拷打,始终没有出卖组织和同志,表现出共产党人的崇高气节。

三、开展打入派遣工作

特殊历史条件下,上级党委指示稷山县委抓紧做好打入敌顽内部工作。为了贯彻上级指示精神,经县委研究报上级批准,曹则参打入阎顽"敌工团",担任了县敌工团团长,并安置了两个编村敌工团团长。冯培文、姚西明、李启信打入阎顽稷山县"精建会"。马思恭打入日伪"新民会",张德元打入日伪"警备队",段全有打入日伪"警察所"。这些奉命打入的同志不负重托,不辱使命,在极其危险的环境下,为党提供了许多重要情报。同时他们还利用合法身份和自身权力,开路条掩护同志,为外来干部办理"良民证",给他们深入敌区工作提供了极大方便。党的七大代表马平定参会途中被日伪抓了苦力,押在稷山

第八章　稷山老区革命斗争薪火相传

县城。打入的同志按照党组织的指示,巧妙地将他营救出来,确保马平定按时出席了党的七大。

1945年日军投降前夕,王守业又奉命调任中共新绛县委书记。当时新绛县地下党组织虽然也遭到严重破坏,但由于有党的"十六字方针"的正确指引,仍积蓄了一定的斗争实力。为了迎接抗战胜利,在乡吉特委书记廉怀德的统一组织下,新(绛)稷(山)河(津)的汾北党员和部分进步青年陆续撤到汾南,成立了汾南游击队。游击队共分两个大队,约300多人。后根据上级指示改编为一个警卫连,其余的队员则参加了正规部队。

日军投降后,特委书记廉怀德指示王守业撤到太岳区党委,并与太岳区李哲人重返新绛汾南,继续配合廉怀德发展壮大游击队,开辟乡吉革命根据地。此后,王守业又被上级任命为乡吉特委宣传部部长。就在王守业到新绛汾北不久,稷山汾北党组织送来情报说(当时河津也有报告),阎顽敌人20辆马车拉着军械从陕西韩城经河津、稷山公路运往临汾。廉怀德书记亲自了解情况后,立即召开紧急会议,决定从各连队抽调约40名年轻力壮、熟悉稷山地理的同志组成精干的武装工作队,由赵子民、王文彦、张舍义分任队长和指导员,吴四免负责引路和与沿线地下党组织联系,在距阎顽占领的稷山县城10里左右的吴城村埋伏3天,截获了阎顽这支运输队,俘敌90余人,缴获新机枪66挺、步枪4支、电台1个、马车17辆、骡子36匹。当时正在修炮楼的80多名民工,得到消息后也积极协助武工队牵骡子送机枪,经过沿途与敌周旋,胜利地把战利品送到我们的游击根据地。这次伏击战我方无一人伤亡，也没有费一枪一弹，受到太岳区的表扬和嘉奖。这次伏击战的胜利，是稷山县党组织长期埋伏、积蓄力量取得的丰硕成果。

第八节　清河村革命斗争回眸

　　清河村是稷山汾南塬上东南部的一个大村，也是这一带政治、经济、文化中心，地理位置非常重要。抗日战争时期，蒋阎、日伪为了加强对这一地区的统治，疯狂进行反共反人民的活动，先后在这里设立了"精建会""敌工团""编村"及"区公所"等反动组织和机构。但是，哪里有压迫，哪里就有反抗，清河村早就成为党带领人民与敌斗争的战场，成为我党在稷山早期活动的重要基地。

　　1937年中共稷山县委成立后不久，时任县委宣传委员吕光辰便以二区牺盟会特派员的公开身份，在清河一带秘密从事党的地下活动，并在清河村第一个介绍陈兴华加入中国共产党。后经陈兴华等人介绍，又有多人入党，到1939年本村成立党支部时，党员已发展到十几人。特别是1938年至1939年间，时任中共稷山地下县委书记李永秀长住清河村，组织发动群众开展"反贪污""争取合理负担"斗争，以牺盟工作员的公开身份秘密开展党的工作，使清河村成为当时稷山党组织发展最快、党的活动最活跃的地区之一。

　　"晋西事变"发生后，白色恐怖笼罩三晋大地，党的活动完全转入地下。但是，清河村党支部的活动并没有因为环境恶劣而停顿。清河村党支部10多名党员在党支部书记杨智（冯裹喜）带领下，认真贯彻上级党组织"隐蔽精干，长期埋伏，积蓄力量，以待时机"的对敌斗争方针，主要做了两方面工作：一是教育党员、团结群众，尽力保护群众利益；二是保证党的地下交通安全，稳妥传送党的文件，掩护党的干部开展工作。

抓好党员教育，不断提高党员觉悟，是实现长期隐蔽、完成各项任务的首要一环。1940年1月，上级党组织在稷王山园儿沟举办党员学习班，清河村党支部的大部分党员都参加了学习。在学习班他们接受了比较系统的党的知识教育，学习"怎样做一个共产党员"等课程。在以后几年的隐蔽时间里，支部坚持每星期过一次组织生活，认真学习党的文件，学习材料有陈云、张闻天关于党的建设的讲话之类。在组织生活会上，经常开展批评与自我批评，检查纪律，使党员自觉严格要求自己。

党支部必须团结群众，扎根于群众之中，才能在敌人眼皮底下开展工作。支部要求党员做群众的知心朋友，起模范作用，群众拥护的事多做，群众反对的事坚决不做。支部10余名党员，在家中孝敬父母，在村上为乡亲担水干活，都是群众公认的憨厚勤劳、老实本分、助人为乐的好青年。对不起党员作用、有损党的威信的党员，支部便与之中断联系。

由于党支部始终抓紧党员教育，绝大多数党员头脑清醒，政治方向明确，不断增强必胜信念，经受住了隐蔽活动中的各种严峻考验。除时芳珍跑往外地自动脱党外，未发生过其他问题。

清河村党支部在隐蔽活动的几年里，与敌人的斗争主要是围绕控制基层政权而展开的。只有控制了基层政权，才能合法地保护群众利益，才能办到证件、路条，掩护党的地下交通，才能全面了解敌情，针锋相对地与敌人斗争。

控制基层村政权，主要是采取"打进去，拉出来"的办法。编村村长大体上每年一届选举产生。每当选举村长时，党支部立即研究内定人选，由党员分头做乡亲们的工作，保证历任编村村长都是倾向我党的人。1940年选举中，全村一致推选吉柏来担任村长。吉柏来是穷人出身，痛恨财主，听党的话，专为穷人办事，其行为引发敌人警觉、仇恨，最后被清河村的"富人会"勾结阎锡山三十四军杀害。吉柏来遇害后，党支部总结经验教训，改变了斗争策略。在以后的选举中一般都内定两名候选人，一正一副；选出政治上爱国的富户做村长，共产党员任副职。这样，既能麻痹敌人，又能实现支部意图。那时保护群众利益主要体现在经济负担方面。敌人派款派粮，压榨百姓，财主极力主张按各户土地亩数均摊，支部则坚持按阎锡山的政策"有钱出钱，有力出力，合理负担"，坚持按"有钱出钱"一条办，把大部分负担都摊到地主老财身上。

保证党的地下交通安全是支部的一项主要任务。当时清河镇的地下交通有西、北、东3条支线。西到西里村站，再远到小宁、西村、刘和村等站；北到苑曲村、荆平村站，远到汾北桐下村、南阳村站；东到北侯村站，远到南张村站。担任交通员的有杨智（冯裹喜），郑子明（贾万福）、冯德让、史水安、贾雨浪等。传递党的机密要求万无一失，重要情报和文件指示，都用巴掌大的薄纸抄写成蝇头小字，

第八章　稷山老区革命斗争薪火相传

紧裹成豆子大小，再用锡箔纸包好。通过敌人哨卡时含在嘴里，必要时吞入肚中，绝不能落入敌人手中。地下交通执行任务时，都要编造一套假情况，遇到敌人盘查，对答如流，不露破绽。比如，1944年5月21日，地委指派杨智通知河津县委，把该县委掌握的武装拉出来。扮成枣贩子的杨智行至北里村被阎锡山军队扣押审讯，才被放出，又遭遇另一股阎锡山军队缉拿盘问。险象环生、曲折迂回了4天，饥肠辘辘的杨智才把地委指示传达到河津县委。

隐蔽斗争开始后，杨智家里设了县委联络点。杨智是土生土长的修车把式，县委书记郭兆瑛便和杨智、贾炳离以开修车铺和压面条为掩护开展地下工作，郭兆瑛在此活动一年半，1941年6月离去。这期间，清河村党支部还掩护过途经此地的地委书记张涛和其他党组织负责人张铁民、贾全明、王波、王守业等，均安全完成任务。那时做地下工作，没有一分钱的津贴或报酬，全靠自己找活干，找饭吃，还要给过往的同志提供食宿，完全是"提着脑袋背着锅，一片赤心干革命"。党支部在"长期隐蔽"方针指导下，尽量不与敌人发生正面冲突。一旦党组织安全受到严重威胁，则坚决采取果断措施，消除隐患。

为了掌握敌人情况，党组织千方百计做打入工作。1942年，日军在清河村设立了区公所，当时的区长叫何甲寅，参加过牺盟会，支部迅速指派党员骆真去做他的工作。后来日军撤换了何甲寅，新派一个姓朱的区长，党支部又派贾文成与朱建立关系。党员杨智和贾炳离在伪区公所找到穷人出身的张进喜（字乐三），将其发展为党员。张先任区公所助理员，后任区自卫队队长，为党组织提供了许多重要情报，掩护了不少党的干部。1944年5月，苑曲村党员刘有儿（原任交通员、支部书记）被阎锡山抓去，他妻子托一同志将此事报告党支部，支部马上向县委汇报，县委立即决定，凡与刘有儿有过接触的同志一律撤离。这次清河镇前后共撤离党员和干部10余人，有效地保护了党的有生力量。留下的党员史顺庚、张乐三、贾雨浪、贾怀深、冯普照、冯兰英、贾月发10余人积极协助县委书记王守业开展工作。后来冯普照又和王守业到翟店镇以摆货郎摊作掩护，继续坚持地下斗争。

第九节 马家巷村的抗日斗争

稷山县马家巷村是稷山党组织早期活动的重要基地之一。由于党支部成立早，群众基础好，所以中共稷山（汾北）县委曾长期驻扎在这里。抗日战争初期，马家巷村的党员和革命群众在党的领导下，积极开展抗日救亡运动，谱写了一曲曲对敌斗争的壮丽篇章。

一、深入扎实开展抗日宣传

1937年8月，马七锋由外地返回家乡。由于在外受到革命思想的熏陶，一回到县城他就参加牺盟会并担任牺盟西北区分会特派员。他经常与县抗日团体"民众抗日救亡会"联系，把一些宣传抗日的小册子、标语传单、油印小报、抗日歌曲带回村中，还在原村公所挂起了稷山县牺盟会马家巷村分会的牌子。以村分会和小学校为宣传点，经常把群众集合起来，宣传抗战形势和中共的抗日主张。

通过宣传，鼓舞了群众的抗战热情，人们认识到中共的抗战方针是正确的，八路军是真正的抗日先锋队。群众中很快涌现出一批抗日积极分子，李银来、李喜保（后改名李达）、马太隆（后改名马迎龙）、马天荣等相继加入中国共产党，有的为党奋斗了一生，有的为革命献出了宝贵的生命。

二、齐心协力打击日本侵略者

随着抗日宣传教育深入发展，民众对日本侵略者的满腔怒火终于爆发出来。1938年3月，日军占领稷山县城后，不时到农村抢掠骚扰。一次，两个没带枪支和战刀的日军骑兵窜至马家巷村村北，正好与4个年轻小伙子相遇，大家不约而同一齐动手，准备把日军拉下马。但因动作不协调，日军溜走。此次行动虽未成功，但确实表明了民众的觉悟和抗日精神。次日日军调来大队人马报复，见人就开枪，见东西就抢，还烧了3家房屋，更加激起民众怒火。

稷山县城收复时，有两个漏网日军侥幸逃出城外，沿侯河公路向河津逃窜。早上9时许，公路两侧割麦的人正在吃早饭，这两个日军背两支三八式步枪，跑得又饥又渴，见饭就抢着要吃。真是冤家路窄，日军抢着要吃饭的正是上次房子被烧得最惨的马春荣一家。仇人见面格外眼红。马春荣佯装让日军吃饭，用家乡话给前来围观的六七个青年说："咱们把这两个日军干掉，一齐下手，谁也不准跑。"大家都表示同意。马春荣一声大喊："乡亲们，报仇的机会来啦！"6个青年齐动手，用镰刀结束了这两个日军的性命。缴获的两支步枪，后来送给了北山上的县自卫总队。

三、动员青年参军参战

1937年秋,马家巷进步青年马永庆、马梦荣带头参加"稷山县人民抗日武装自卫队",李梦彦参加了"山西青年抗敌决死队"。翌年,李银到乡宁县章冠村参加党员训练班学习,见到乡吉特委军事部长彭芝久,彭向李银来传达了党的扩大武装的方针,并要求他回去后完成扩军任务。李银来回县后,即向在县牺盟会工作的马七锋传达了上级党组织和彭芝久的指示,一起研究商定在马家巷动员青年参军的方案。他们首先请一位八路军排长到村里,组织青年进行一些简单的军事训练如操练、夜行军等,激发大家参军的兴趣。接着耐心地给大家讲参加八路军保家卫国、消灭日本帝国主义的道理,胜利地完成了动员参军的任务。这次马家巷就有马元堂、马永录、马骏骅、马春茂、马葆真、马蔚真、马怀森、马安娃、马子金、马云龙、李同掌、李玉堂12人参加了党领导的抗日军队。先后由李银来等带队,分3批护送到乡宁县章冠村,成为光荣的革命战士。

四、成立党支部建立救国团体

1938年底,经过上级党组织批准,中共马家巷村党支部正式成立。支委由3人组成,李达任支部书记,马迎龙、马天荣任支委。支部建立后,一方面抓了党支部的自身建设,另一方面又抓了各救国团体的组建。

马家巷村的群众基础比较好,特别是经过一年多来的对敌斗争,涌现出一大批抗日积极分子。但是由于抗日是艰苦的、持久的,特别是这时稷山已经沦陷,县城的敌伪政权已经建立,敌探、汉奸常到各村活动,逼迫群众成立"维持会",少数群众产生厌战情绪。面对错综复杂的斗争形势,党支部成立后,首先把教育党员放在工作首位,要求党员坚定政治立场,密切联系群众,在对敌斗争中发挥骨干带头作用和先锋模范作用,以自己的实际行动宣传群众,教育群众,感染群众,团结群众,动员群众。同时注意在斗争中发现和培养积极分子,并不断把那些立场坚定,勇于斗争,能密切联系群众的积极分子吸收到党内来,使党员队伍不断扩大。支部成立后的一年多时间里,就发展新党员20多名。随着革命队伍的不断壮大,党员作用的有效发挥,群众抗日热情也不断高涨。

同时,党支部成立后还积极响应县牺盟会号召,由村牺盟分会出面,迅速建起本村的"农救会""青救会""妇救会"和"儿童团"等群众组织,使本村的抗日救国工作更加丰富多彩。

第十节　稷山县东关地下交通站

"晋西事变"发生后,阎锡山背信弃义,由"联共抗日"转变为"反共降日",三晋大地笼罩在一片白色恐怖之中。面对严峻的革命斗争形势,稷山党组织认真贯彻中央"隐蔽精干,长期埋伏,积蓄力量,以待时机"的对敌斗争方针,把身份比较公开的党员分批撤离到革命根据地,留下来的同志则全部转入地下坚持斗争。为了确保与上级党组织联系畅通无阻,稷山县委在全县建立了几个重要的秘密交通站,县城东关马子明家就是其中之一。另外,由于时任乡吉特委书记兼稷山县委书记廉怀德住在马家,以粉条粉面作坊为掩护领导吉(吉县)、乡(乡宁)、新(新绛)、稷(稷山)、河(河津)一带的革命斗争,马家就成了当时地下党的活动中心。

马子明 1937 年加入党组织后,长期从事党的地下联络工作。1944 年出任城东区委书记并负责东关站工作,东关站成为地下党南、北、西 3 条交通线的交汇处,位置重要,任务繁重。西线是河津—马家巷—南阳—东关—新绛—洪洞赵城根据地;南线是万泉—西村—清河—苑曲—东关—新绛—根据地;北线则是吉县—乡宁—山底—桐下—东关—新绛—根据地。为了完成组织下达的任务,马子明日夜操劳,冒着生命危险传递情报,接送地下党员,保护领导干部。由于环境恶劣,生活艰苦,任务繁重,马子明积劳成疾患上肾病。但他强忍着病痛弯腰行走,绝不延误党的任务。马子明家里人都很支持他参加革命斗争,并积极帮助其承担一些任务。

那时,阎锡山的队伍就扎在马子明家门口南边的炮楼上,盘查搜捕是家常便饭;日军住在城内,昼出夜伏。为保安全,马妻经常抱着幼儿坐在大门口的石墩上站岗放哨。对于来马家接头的人员,有人问起,就说是娘家来的人。她一有空就纺线织布,挣几个钱也舍不得花,藏在面瓮里,同志们需要时就拿出来支援。全家人省吃俭用,一天喝两顿玉米面糊糊,省下馍让同志们拿着路上吃。有一次,稷河武工队指导员曹海德从河津过来时,被西薛村敌工团抓捕,关在马家巷村一座四合院西房里。曹海德跳窗翻墙逃出虎口,钻进玉米地穿过姚家庄、和合村、下迪村、坡西

第八章 稷山老区革命斗争薪火相传

（永宁村），一直跑到马子明家才吃上饱饭。第二天曹海德离去时，马子明妻子又给他带了几块钱备急用。还有一次，清河交通站负责人杨智在苑曲村附近被敌人盘问身份暴露，杨智急中生智跳入汾河，涉水出岸直奔马子明家才得以安全转移。

日子久了，同志们都把马子明妻子当自己人看，连枪支弹药、党的机密文件都交给她保管。一次，廉怀德书记半开玩笑半当真地对她说："要是敌人把你抓住了，我们的脑袋就全没有了。"她哈哈大笑，斩钉截铁地说："这你们放心！要杀要剐就是我一个，绝不连累你们。我一个妇道人家就是真被敌人抓住了，也绝不会暴露你们，只要你们成功了，我就是死了也心甘情愿！"从此，廉怀德书记和马子明外出办事前，会把交通站的一些事项交她代办。马子明妻子不识字，但记忆力超强，廉书记把要交代各位交通员的事情分别写在纸上，捻成小纸团塞在马家饭厦墙壁不同的土坯缝里，马子明妻子则死记硬背，纸团从未交错过。

恶劣的斗争环境，繁重的工作任务，导致马子明病情不断加重。1945年开始，交通站工作就由马子明的大儿子马从龙一力承担。马从龙当时14岁，只能说是个半大孩子，送信受苦受累不说，还要在担惊受怕中灵活应对各种盘查。往西社山底村送信，跑一趟得一天时间。刚开始孩子还不知道害怕，时间长了经历多了反倒害怕起来。尤其是听说那里有野狼出没，孩子就不想去了。在马子明夫妻的耐心劝导下，大儿子马从龙把送信工作坚持了下来。

1945年8月，国民党为接受日军投降，将稷山县城团团包围，根据斗争形势需要，地下县委决定立即撤离。廉书记和马子明临行前，指派马从龙立即进城通知马克恭撤离。马从龙顺利完成了这一艰巨任务，马克恭连夜从城墙上缒下，直奔马子明家；马妻向他转达了廉书记的指示，并把手枪和子弹交给他。第二天，马从龙假装割草，把手枪藏在筐子底下，护送马克恭安全通过了汾河渡口关卡。

东关地下交通站从成立到完成使命的几年时间里，环境恶劣，条件艰苦，任务繁重，马子明又重病在身，但由于妻子和大儿子的全力支持，交通站工作从未失误，为革命斗争胜利发挥了重要作用。

第十一节 开辟稷山县抗日游击根据地

1944年秋季，在太岳根据地岳南地区浮山、沁水、翼城一带战斗的太岳军区五十四团奉命南下晋南闻喜、夏县一带开辟工作。当时，杨俊峰就在五十四团政治部工作，随后便随军南下。

1944年冬季，部队越过同蒲铁路到达稷王山地区活动。开始是在闻喜北垣的冰池、上下丁、上下白土一带，也就是稷王山的东麓，当时叫稷麓县，这样也就接近了稷山县境。杨俊峰是稷山县小阳村人，此前在稷王山地区工作过，领导便请他搜集稷山方面的情况。不久在五十四团一部的协助下，部队首次进入稷山。在吴吕、丈八、上王尹、下王尹、望嘱、徐家庄一带接触了不少群众和一些过去相识的同志，了解到广大群众对日伪、阎顽的掠夺压榨

第八章　稷山老区革命斗争薪火相传

十分痛恨，对共产党、八路军很是拥护，纷纷要求部队能留下来。

部队在稷山活动一个多星期又返回驻地。杨俊峰向领导汇报情况后，领导认为这一带群众基础好，地理条件也有利，决定立即在这里发展地方武装，开辟稷山工作。后来柴泽民、席荆山、孙定国、王墉等领导集体和杨俊峰谈话，任命他为稷山县委书记兼稷山游击大队政委，指示他先以稷麓县为依托，逐步在稷山发展游击队，把稷山的抗日游击战争开展起来。杨俊峰接受任务后，遵照领导指示，积极进行筹划，准备首先抓好发展地方武装这一着关键棋，从建立县游击大队入手，抓出成效，争取工作主动权。

1945年春节刚过，部队领导派杨俊峰协同五十四团1个连再次进入稷山，在吴吕、丈八、上王尹、下王尹等村开展工作。在吴吕村，杨俊峰先找到清河镇高小同学梁忠保，很快就串联起10多个人。梁忠保思想积极，行动果决，拥护共产党、八路军，迫切要求参加革命，愿意为发展游击队伍全力投入。在梁忠保的带动下，基本队伍建立起来，仅吴吕村就有梁恩堂、梁青俊等七八个青年入伍，房东段文焕则表示愿意掩护部队工作，帮助搜集情报。

依靠这支基本队伍，杨俊峰的工作有了良好的开端。很快弄到几支步枪和一些子弹后，实力增强。客观上，当时那一带周围的三交、冰池、清河、翟店、稷王山顶都是敌人据点，杨俊峰的地方武装是在敌人的格子网里活动，特别受限，再加上新入伍的兵刚刚组织起来，特别需要加强思想政治教育，并辅以必要的军事训练。跟随正规部队活动，就是教育训练的最好方法。鉴于此，杨俊峰带着新兵们跟随部队转移到稷麓县境内。回稷麓后，柴泽民、王墉等领导对他们的工作给予充分肯定和热情鼓励，又从正规部队给他们补充了一些枪支弹药。后经地委、分区领导研究决定，派正规军1名排长带领1个班，帮扶新兵一两个月。杨俊峰遂带着加强了的小部队隐蔽地重回稷山境内。此后一段时间里，他们在艰苦的环境中开拓工作，白天隐蔽休息，夜里抓紧活动，广泛接触群众，积极发展自身力量，趁机打击小股之敌和编村便衣人员，一天要转移多个地方。在野地露宿，在村边窑洞、场院和古庙隐蔽成为常态。好处是群众基础好，吃饭问题容易解决，衣服鞋袜也比较好办，枪支、弹药则比较困难。

武器问题，当时的主要办法就是从敌人手里夺取。这支小部队在稷山、稷麓两县境间穿插来往，一个多月时间把稷山游击大队扩展到三四十人、20多支枪，还打了一些伏击，缴获了些枪支、弹药。由于游击队活动积极，纪律很好，又善于做群众工作，所以稷山抗日游击大队的名声迅速传扬开来。一时间社会上广泛传说稷王山麓到处是八路军游击队。

一个多月以后，主力部队的同志归还建制，稷山抗日游击大队则羽翼较丰，可以独立展开一些活动了。

稷山抗日游击大队是在党的领导下、在八路军主力部队和广大群众的帮助支持下，从无到有、由小到大成长起来的。随着部队的发展，活动范围也逐渐由稷王山麓扩展到坡下的东王、西王、太阳、小阳、修善、坞堆、董家庄一带，在群众中的影响越来越大。为了便于发展，军分区正式任命已是中共党员的梁忠保为政治指导员。

第八章　稷山老区革命斗争薪火相传

为了适应斗争需要，上级决定由郭江河、杨子正负责筹组稷山抗日游击大队第二中队。

在太岳三地委、专署和军分区的直接领导下，在稷山抗日游击大队成长的同时，还不失时机地组建起地方政权，发展民兵组织，成立了武委会及农、青、妇等群众组织。坚强的武装力量与坚实的地方政权、群众组织形成互帮互助的良好关系，根据地因之不断巩固和扩展。第一区政府在稷山原第二区的地盘上建立，地委派贾吉凯任一区区长，刘廷臣任副区长，区政府的公开驻地是下王尹。下王尹距三交敌人据点不到5公里，所以需要经常转移。因此，再派杨家礼、杨广文、刘定国等人筹组区武委会，许一新、张继先主要负责一区区委工作，建立起农、青、妇等群众组织，并积极开展游击战，发展壮大游击队伍。很快，10多个村政权公开建立，区干队也发展到10多个人几支枪，可以起到掩护区政府和打击零散敌人的作用。

与此同时，积极开展基层党组织建设，隐蔽而慎重地在斗争中物色、培养积极分子，秘密吸收发展骨干。至于建立村政权，离敌人据点太近、一时不便公开的村，就秘密或半公开地建立村政权，一切以有利于对敌斗争、有利于开展工作为原则。如坡底村离三交敌人据点很近，村政权就是半公开、半秘密的。

一区政府成立不久，又成立了二区政府，马思恭担任区长，公开驻地是徐家庄和望嘱村。二区积极发展区干队，向一区方向推进。这样，到日军投降前后，不仅建立起两个区政权，县抗日游击大队也建立起两个中队合计140余人，两个区干队每个队也各有20余人，稷山革命根据地得以进一步巩固。

稷山抗日游击大队的建立和发展,加快了稷山革命根据地的开辟步伐,地方政权和群众组织的建立,又为根据地的稳固发展打下了良好的基础。

日军投降以后,在新的斗争形势下,为了加强地方工作,地委、专署派董警吾任稷山县长,张熊(万泉人)和高维儿负责公安工作。董警吾到稷山后,又调来七八个同志,很快在张才岭村建立稷山县政府。与此同时,地委、分区又派王明珠任县武委会主任,专门负责民兵工作,派史水安负责县委机关内务工作,县委工作得以加强。上级领导采取的这些措施,对进一步巩固和发展稷山革命根据地发挥了重要作用,为稷山县解放打下了坚实基础。

第十二节　地下革命斗争的峥嵘岁月

曹海德出生在稷山县姚家庄村一个农民家庭,生活十分贫苦,14岁就到新绛三林镇纱厂当了学徒工,受尽资本家的欺压和剥削。1938年日军入侵晋南,纱厂停工,曹海德失业回到家中,家庭生活更加困难。再加上日军的频频骚扰,反动政府的百般盘剥,日子难上加难。为了反抗日军侵略,1938年8月,曹海德自愿参加了县牺盟会,并担任了"工人抗日救国会"负责人,全身心投入抗日救国的火热斗争中。

在此期间,县牺盟会特派员田文莼、殷志平发动群众和清水庄的恶霸地主田杰三展开了一场激烈斗争,并取得

第八章 稷山老区革命斗争薪火相传

成功，一时轰动全县。在他们的影响下，姚家庄村群众也自发组织起来对本村地主曹天降展开斗争，要他借粮给贫苦农民。当时该村共有3条街道，每个街道派出自己的代表参加。其中曹师生、曹小各、薛在相、薛富和、薛海泉、薛锁稳等斗争性比较强。但是由于这次斗争是群众自发组织起来的，既缺乏强有力的领导，又缺乏斗争经验，最后被曹天降施计分化瓦解而告失败。

借粮斗争使民众觉醒，没有中国共产党的领导，就不可能打倒地主老财，推翻三座大山。百姓要求加入共产党的心情非常迫切。但加入党组织不是一件容易的事，一要经受考验，二要承担很大的风险。为了实现理想，曹海德下定决心走革命之路。1939年5月16日，经曹树德、李银来介绍，曹海德秘密加入了中国共产党。不几天，组织上调他到乡吉特委学习半个月，与曹海德同去的有朱成戌、梁文选、苏天福和汾南的冯培文。5月下旬，曹海德带着建立支部、发展党员的任务回到村里。不久姚家庄党支部正式成立，曹海德担任支部书记，曹宏裕、曹狗亚为委员，这个时期共发展了10余名党员。

1939年8月，曹海德与县"工救会"薛三元接上关系，后由郭达书记谈话担任了地下党东北区的宣传委员，苏天福任书记，王兆堂任组织委员。"晋西事变"后，由于曹海德在稷山行动比较公开，组织决定将他撤到稷王山参加党训班。敌人分九路围攻稷王山，1940年2月9日，曹海德从稷王山转移到万荣皇甫村，后又转移到吴吕、瓮村，最后和李银来、马迎龙3人撤到大李村。听说稷山大搜捕结束，曹海德遂又回到汾北从事地下工作。

1940年3月初,苏天福到马家巷教学。苏当时任坡下区委书记,委员是李达、姚西明。经苏天福介绍,曹海德和王波(县委组织委员)接头后到县"精建会"做打入工作,并与先前打入的陶梁、邢瑞善联系,站稳脚后再到一区任区委书记,组织委员是朱成戍,宣传委员是薛立太。曹海德在"精建会"几个月后,阳史村的杨光华怀疑他是共产党员。情况反映到县委郭达书记处,郭书记让曹海德尽快离开稷山到河津任一区区委书记,以黄村杂货铺为掩护,坚持到1940年底、1941年初才又回到稷山。

回稷山后,根据党组织安排,曹海德先后担任稷山西北上坡和新绛三区区委书记,办过交通站,当过交通员。这个交通站既是县委的又是地委的。马平定是地委委员,住在河津。交通站从河津北里到姚家庄,由曹海德转送到南阳村,再由王文彦转送到桐下村县委住地王波、王守业处。再从桐下转到太杜,从太杜村转到新绛,由此形成一条自西向东,跨越河津、稷山、新绛的交通线。另外还有一条是到吉县的交通线,从姚家庄到马村,由李文光直接转到吉县。

抗战初期,化峪镇就有党领导下的群众运动,东段也有。南阳村搞反贪污斗争,姚西明、王文彦他们就是群众代表。吴城的群众斗争是吴乙酉带动的。姚家庄村的合理负担斗争坚持时间比较长。马家巷有支部,也有群众斗争。史册的群众斗争搞得也很激烈,日军活埋了几十个人。坚持时间长、比较成功的,还是姚家庄,他们根据抗日救国十大纲领的精神,以"有钱的出钱,有力的出力"为原则搞合理负担,一直坚持到1943年。在配备干部上也很讲

第八章　稷山老区革命斗争薪火相传

究策略。姚家庄村比较大，村长不是党员，便把搞群众运动的干部尽量选定在和他有亲戚关系的人身上，利用他们开展工作。

1945年春，曹海德被任命为中共河津县委书记，同年7月担任中共稷山县委书记兼稷河武工队指导员，直至稷山解放。漫长的地下革命斗争岁月中，作为一名真正的共产党员，最困难时，曹海德把妻子和两个孩子都送到丈人家。他还告诉妻子，万一自己被逮捕，不要求人用钱往回赎；万一自己被敌人杀了，也不要难过，要把孩子养大，让他们继续革命。

第二编　社会主义革命和建设的砥砺前行

　　稷山人民爱党爱国，自强不息。

　　中华人民共和国成立以来，稷山老区人民始终积极拥护和追随中国共产党的领导，认真贯彻执行党在各个历史时期的路线、方针和政策，继承发扬革命战争年代那么一股劲，那么一种革命精神，不忘初心、牢记使命，艰苦奋斗、发奋图强，县域经济社会持续发展，老区面貌发生了巨大变化。

　　时光荏苒，斗转星移，70年来披荆斩棘，70年来风雨兼程，70年来山河巨变，70年来成就辉煌。

　　坚定中国特色社会主义道路自信、理论自信、制度自信、文化自信，稷山革命老区人民勇做实现中华民族伟大复兴的建设者，弄潮儿。

第一章　私有制改造　巩固新生人民政权

一唱雄鸡天下白。中华人民共和国成立后的老区稷山，百废待兴。稷山县委认真贯彻党的方针政策，把土地改革作为事关人民利益，事关政权巩固的头等大事，干部深入一线，工作队进村入户，宣讲政策，典型引导，于1949年10月即完成了全县土地改革及复查工作，并于翌年初将土地证、房窑证全部发放到农民手中。

土地革命的胜利结束，宣告了数千年的封建土地所有制完结，广大农民成了国家的真正主人。继后，1953年至1956年，在党的过渡时期总路线的指引下，中共稷山县委先后对全县的农业、手工业和资本主义私营工商业进行了大规模的社会主义改造。至1956年，全县共建立农业合作社197个，同时将全县992个个体工商户全部改造为集体或国营企业。

此间，1952年，遵照中共中央和中央人民政府的指令，县委在全县县、区机关开展了反贪污、反浪费、反官僚主义的"三反运动"；在城关、翟店等工商业集中的城镇开展了反行贿、反偷税漏税、反盗窃国家财产、反偷工减料、反盗窃国家经济情报的"五反运动"。"三反""五反"打退了资产阶级的进攻，清除了党内的腐败分子，教育和挽救了一批干部，为进行社会主义经济建设创造了条件。同时，使人民群众认识到党的英明领导和社会主义制度的优越，

第一章　私有制改造　巩固新生人民政权

激发了革命生产热情，解放和促进了生产力的发展。

至1956年，全县粮食总产由1949年的19340吨提高到46005吨；国内生产总值由1949年的580万元增长到1563万元；全县财政总收入由1949年的100万元增长到231万元。

在此期间，中共稷山县委成功召开了两届13次各界人民代表会议，并于1952年11月第二届第一次人民代表会议上选举产生了人民政府的领导成员。根据中央和省、地指示，按照全国组织工作会议《关于整顿党的基层组织的决议》和党员八条标准，在党内开展了一场旨在提高干部和一般党员的思想水平和政治水平，克服工作中所犯的错误、克服居功自傲、克服官僚主义和命令主义的整党整风运动。清理了一批混入党内的阶级异己分子和蜕化变质分子。

至1954年底，全县党员由5429名精简为1538名，党支部由180个精简为54个，进一步纯洁了党的组织，改善了党群关系，提高了党的战斗力。1955年1月，召开了中共稷山县第一次代表大会，选举产生了中共稷山县第一届委员会，形成了新生政权的组织机构和领导核心。

第二章　肃反援朝　捍卫新生革命政权

1950年，以美国为首的各帝国主义国家悍然发动侵朝战争，战火烧到中国鸭绿江边。中共稷山县委积极响应党中央的号召，领导和组织全县人民努力生产，开展了声势浩大的抗美援朝、保家卫国运动。老区人民共计捐款捐物248886万元，青年志愿参军438人，同时涌现出阎合姐、张秀苗等一批支前模范。

不甘心失去往日的"天堂"，国内反革命势力与国外遥相呼应，伺机反扑，企图摧毁我新生的人民政权。1950年11月9日晚在稷山，号称"中国国民志愿军"的反革命武装数百人兵分3路，向我新生的区、县人民政权发动血腥进攻，制造了一起震动全国的反革命武装暴动事件。时任稷山县委书记王耐群、县长杜耀生、武装部部长王怀仁和公安局局长冯德让组织人民武装和革命群众英勇反击，挫败了暴乱。

随后，稷山全面开展镇反运动，至次年7月，全县镇压动乱暴乱分子204名。1951年4月，在全国镇反运动中，中共稷山县委进一步发动群众，通过内查外调和广大群众检举揭发，先后破获"汾河游击支队"等5个反动武装组织，取缔了"一贯道"等反动会道门，拘捕和镇压了各类反革命分子592名，捍卫和巩固了新生的人民政权，保证了人民群众的生命和财产安全，维护了社会安定，促进了国民经济的恢复与发展。

第三章　矢志奋斗 政治经济社会全面发展

1957年4月,中共中央发布《关于整风运动的指示》,中共稷山县委及各级组织广泛发动群众,虚心征求党内外群众的批评意见。但是,极少数右派分子借机散布反动言论,攻击党的领导和工农联盟,图谋把整风运动引向反党反社会主义,于是整风运动重点转向反右斗争。是年7月,根据中央《关于组织力量准备反击右派分子的猖狂进攻》的指示,在全县党政机关和中小学,运用大鸣、大放、大字报、大辩论的方式,开展了反右斗争。不妥之处是,反右扩大化把人民内部矛盾上升为敌我矛盾,错误地把一些知识分子、爱国人士和个别党的干部划为右派,影响了正常的民主政治生活。

1958年,根据中央和省、地指示,在全县开展了"大跃进""人民公社化"和"大炼钢铁"运动。将全县当时的8个公社合并调整为城关、化峪、翟店、清河4个公社,对全县土地和主要生产资料一律划归集体所有,实行政社合一。

1959年至1961年,根据中央"调整、巩固、充实、提高"的八字方针,在全县开展"整风整社""纠正五风"运动,压缩机构、裁减非农业人口,纠正"左"倾错误,度过"三年困难时期"。1963年至1966年，根据中央精神，在全县开展"四清运动"（清政治、清经济、清组织、清思想），对解决干部作风和农村经济管理方面的问题起了一定作用，但扩大化的极左错误也打击伤害了部分基层干部。

1957年至1966年，先后召开了四届各界人民代表会议，选举产生了稷山县各界人民委员会领导成员，制定了各个时期的经济社会发展规划，全县工农业生产逐步好转。

同时，县委在全县深入开展爱国卫生运动，涌现出了全国卫生模范太阳村。1959年11月，卫生部在稷山召开了全国卫生工作现场会，中央以中发（1960）70号文件转发了卫生部党组《关于全国农村卫生工作稷山现场会情况的报告》，同年3月18日，《中共中央关于卫生工作的指示》（即毛泽东"3·18指示"）发布，全国掀起了"学太阳、赶太阳"的农村卫生工作高潮，扩大了稷山的对外影响，促进了各方面工作，同时也逐步形成了稷山卫生医疗工作的地方优势。

1958年11月下旬，城关南阳村群众精选了50斤稷山板枣，委托结束劳动锻炼的下放干部回京时带给毛主席。后稷山板枣由时任教育部部长杨秀峰带去中南海呈送毛主席，毛主席品尝后连声称赞，随即派人将红枣转送给炮击金门的福建前线指战员，官兵们称之为"领袖枣"。一颗枣子一颗心，"领袖枣"的故事表达了老区人民对革命领袖的无比崇敬。

从1966年到1976年的10年，稷山县同全国一样，进入艰难的探索时期，经济社会发展缓慢前行，全县各项工作在县核心小组领导下推进。先后开展了"一打三反"群众运动和整党工作，1970年5月召开了中共稷山县第四次代表大会，选举产生了中共稷山县第四届委员会。6月，各公社党委相继正常工作，自上而下重建工作机构，部署"农业学大寨""工业学大庆"，工农业生产有所回升。建成稷山县化肥厂等企业，大搞农田基本建设，建成汾南电灌站等水利工程和汾河大桥，实现了村村通油路。至1976年，全县实现国民生产总值33301万元，与1956年比，翻了一番；财政总收入351万元，与1956年相比增加了120万元。

1976年10月，党中央一举粉碎了"四人帮"，稷山同步进入社会主义建设新时期。但由于长期受极左思潮的影响，前进的脚步依然艰难沉重。

第四章　改革开放　老区生机勃发

忽如一夜春风来，千树万树梨花开。

1978年党的十一届三中全会犹如春风吹拂后稷大地，老区稷山焕发出勃勃生机。1979年，稷山县委组织开展真理标准问题大讨论，从思想上、政治上、组织上拨乱反正，平反纠正了冤、假、错案3124起，对122名右派分子和1064名地、富、反、坏复查摘帽，为9654名地富子女改正成分。在农村普遍推行家庭联产承包责任制，宣告"大锅饭"的历史终结，逐步解决了农民的温饱问题；厂矿企业实行承包制、租赁制、厂长（经理）负责制，改革长期沿袭的落后管理体制和经营模式，调动了广大职工的积极性；倡导发展乡（镇）企业和个体企业，翟店个体服装加工和枣区个体蜜枣加工业率先兴起，促进了多种经济体制并存和快速发展，人民生活逐步得到改善。

在党的建设方面，县委改进党的领导，加强党的组织、思想、作风、纪律建设。1981年，县人民法院、县人民检察院、县人民政府、县人大常委会、县政协设立党组。1984年，成立中共稷山县纪律检查委员会，建立领导干部退居二线制度，选拔任用了一批有专业知识、年富力强的干部，实现各级领导班子的革命化、年轻化、知识化、专业化。相继做出关于端正党风、加强和改善党的领导的一系列决定，出台整顿健全党的基层组织、"三会一课"等一系列规章制度，先后开展了"三学两带百面旗""五好班子创优达标百分赛""一查两建""三创三争""学党章、学理论、讲奉献、创实绩""三讲教育"（讲政治、讲学习、讲正气）、"内强素质，外树形象""三建一树"等竞赛活动，开办了"后稷讲坛""村官讲习所"，对基层党员教育全覆盖，党的基层建设和基层组织活动逐步规范化、制度化、科学化，提高了基层党组织的凝聚力和战斗力，广大党员的宗旨意识和党员意识明显加强。

在经济建设方面，县委坚持改革开放搞活，坚持以经济建设为中心，制定了"稳定发展农业、加快发展工业、大办乡（镇）企业""红枣富民、工业强县、科教兴县"、加强科技和扶贫工作两个决定、"五抓三增一提高"（农业抓"两红"、企业抓民营、商贸抓销售、基础抓工程、干部抓作风,努力增加财政收入、农民收入和城镇居民收入,不断提高经济运行质量和效益)和"一产提品质创品牌、二产促升级增效益、三产挖潜力壮规模"、创建四基地一名城(全国板枣产业基地、省级新型煤化工产业基地、中西部包装印刷文化产业基地、区域医疗大健康产业基地和稷王历史文化名城)等发展战略。

把枣树作为稷山"县树",出台了《关于红枣基地建设的若干规定》《全民所有制工业企业转换经营机制条例》《关于加快民营经济发展、加大招商引资力度的若干规定》及奖惩办法和《关于进一步优化企业外部环境的十五条规定》等政策性文件。开展了"唱好扶贫'开台戏'""三项建设""四大战役""五个一工程"、实施"双引(引资金、引项目)、打造"双星"(明星企业、新星企业)、"一跑三谈五抓""书记扫边""领导干部下乡驻村""农村派驻第一书记"等活动,工作全程存档留痕,全县上下统一思想,明确目标,抢抓机遇,负重赶超,经济战线一派生机。

在民生改善方面,中共稷山县委坚持"以人为本""改善民生"的发展目标,出台了《关于为民工程实施方案》《关于加强婚丧礼俗改革的实施意见》《关于社会主义新农村建设规划》和《美丽农村建设试点方案》等文件。实施联创达标、稳民安民、阳光政务、文明创建、"双星"强县、扩大就业、城镇创优、人口质量、济困富民、教育卫生等10大工程。

大力改造基础设施,强化城市功能,加快城乡一体化建设。支持主导产业,推广现代农业,整修城乡道路,配套信息网络，建设住宅小区，兴建县城公园，发展乡村文化，扩大低保社保，深化教育改革，新办医养结合。全县100%农村柏油路、水泥路四通八达，自来水进巷入户，电气化和机械化基本实现，电动车、摩托车、家用小车普及率逐年提高。出行难、饮水难、照明难、信息难、耕作难基本得以解决。多数村庄建有舞台、文化广场，儿童入学率100%，义务教育普及率98%，新农合参合率接近100%，城乡居民分享改革发展红利，获得空前的幸福感。

第三编 稷山革命老区日新月异

改革开放 40 年来,特别是党的十八大以来,稷山县委带领全县人民,不忘初心、牢记使命,咬定青山、砥砺前行,县域经济社会跨越发展,综合实力快速提升,这一时期成为中华人民共和国成立以来稷山县发展最快、变化最大、人民得到实惠最多的时期。

第一章 县域实力显著增强

第一节 经济总量持续增长

40 年快速发展,稷山全县经济总量由 1978 年的 3457 万元跃升至 2019 年的 897484 万元,比 1978 年增长了 258.6 倍,年均增长 14.5%。人均地区生产总值由 1978 年的 150 元攀升至 2019 年的 24689 元,比 1978 年增长了

163.6 倍，年均增长 13.3%。

党的十八大以来，经济建设进入新常态，由高速转为高质量发展，全县地区生产总值年均增长 5.0%。

第二节　产业结构趋于合理

改革开放 40 年来，稷山县以市场为导向，以调节为手段，以效益为中心，注重一二三次产业的协调发展，二、三产强势增进。

一二三次产业之比由 1978 年的 72.9∶17.1∶10.0 增进到 2019 年的 17.4∶31.6∶51.0。其中一产比重回落 55.5 个百分点，二产比重上升 14.5 个百分点，三产比重上升 41.0 个百分点。

2019 年二产实现增加值 28.4 亿元，为 1978 年的 479.6 倍，年均增长 16.2%。三产实现增加值 45.7 亿元，为 1978 年的 1324.6 倍，年均增长 19.2%。形成一产稳固发展，二产加快发展，三产主导发展的新格局，结构比由一二三转变为三二一。

第三节　财政实力明显增强

2019 年全县财政收入实现 63897 万元，比 1978 年的 412 万元增长了 154.1 倍，年均增长 13.1%。其中，一般公共预算收入实现 28800 万元，比 1978 年增长了 68.9 倍，年均增长 10.9%。一般公共预算支出由 1978 年的 545 万元增加到 2019 年的 176546 万元，比 1978 年增长了 322.9 倍，年均增长 15.1%。

第四节　存贷款规模持续扩大

2019 年，全县金融机构存款余额 1212214 万元，比 1978 年的 798.9 万元增长了 1516.4 倍，年均增长 19.6%。其中，居民储蓄存款余额由 1978 年的 463 万元增加到 1009590 万元，增长了 2180.5 倍，年均增长 21.1%。贷款余额由 1978 年的 1969.4 万元增加到 202608 万元，增长了 102.9 倍，年均增长 20.0%以上。

第五节　城镇化建设稳步推进

40 年来，城镇人口占总人口的比重逐年提高，城镇化水平由 1978 年的 3.43%上升到 2019 年的 43.65%，提高了 40.22 个百分点，年均提高 0.98 个百分点。

全县城镇由 1990 年的 11 个优化为 7 个。

第二章　农村经济欣欣向荣

改革开放以来,中共稷山县委认真落实党的各项惠农政策,积极调整农业结构,打造板枣、蛋鸡等特色农业品牌,加快农业现代化建设。

粮食总产由 1978 年的 7.18 万吨增加到 2019 年的 24.67 万吨,比 1978 年增长了 2.4 倍。发挥晋龙集团引领辐射作用,蛋鸡存栏 965.9 万只。稷山板枣年产 4.4 万吨,是 1991 的 28.5 倍。清河镇的桃果、太阳乡的药材、吕梁山沿线的双季槐形成气候,稷山现代农业从无到有,结构逐步优化,现代格局逐步形成。

第三章　县域工业强势崛起

改革开放 40 年来,稷山始终坚持工业强县发展战略,大力扶持骨干企业做大做强。党的十八大以来,全力实施转型升级战略,力促主导产业改造升级,加快了新兴产业发展。

现已建成西社、翟店两个工业园区,全县工业企业由 1978 年的 62 家发展到 2019 年的 568 家,实现工业总产值124.9亿元，是1978年的518.9倍，实现利税5.62亿元，年均增长14.5%。同时，全县累计孵化培育小微企业554家，新增规模企业6家。

全县荣登运城市"虎榜"企业的有5家：东方资源、永东化工、铭福钢铁、永祥煤焦、阳煤泉稷。同时，东方以排名46、永东以排名58、铭福以排名60荣登山西民企百强榜，泉稷公司荣获省级智能制造示范企业。通过"凤还巢"计划吸引各类返乡企业及小微企业140余家。

第四章　基础设施大幅改善

改革开放40年来，稷山县抢抓机遇、改善环境、扩大开放、招商引资，社会固定资产投资加速增长，2019年达到38.86亿元，比1978年的481万元增长807倍，年均增长17.7%。其中国有完成比1978年增长678.2倍，非国有完成比1978年增长833.4倍。境内水资源、电力、天然气、交通、金融、电信、电视、排水、污水处理、餐饮服务等基础设施成龙配套，促进了经济社会发展。

第五章 消费市场持续活跃

改革开放 40 年来,稷山积极改革流通体制,倡导各种经济成分参与市场竞争,大力发展集体、私营、个体商业和城乡集市贸易,形成了多流通渠道、多种经营方式相互竞争的商品流通体系,促进市场的发展和繁荣。全县社会消费品流通总额由 1978 年的 1923 万元增加到 2019 年的 35.66 亿元,比 1978 年增长 184.4 倍,年均增长 13.6%。

第六章 进出口规模不断扩大

改革开放 40 年来,稷山县对外开放不断扩大,由于地处内陆,资源欠缺,进出口贸易一直是短板。近年来,积极创造条件,对外贸易从小到大,永东公司生产的炭黑出口和东方公司的锰矿进口形成两大支撑,2019 年外贸进出口总额达到 2.15 亿美元,比 2002 年增长 14.4 倍。

第七章　交通运输日趋完善

改革开放 40 年来，稷山交通运输能力不断增强。境内侯禹高速、闻合高速、运吉高速、侯西铁路、108 国道、运稷一级路纵横交错。县城与各乡（镇）之间形成 15 分钟交通经济圈。2019 年全县公路通车里程达到 851 公里，是 1978 年的 4.5 倍，年均增长 4.3%。运营能力显著增强，2017 年年货运周转量 188797 万吨公里，是 1978 年的 1363.7 倍，年均增长 20.3%；货运量 764.3 万吨，是 1978 年的 523.5 倍，年均增长 17.4%。全县移动电话用户达 29.5 万户，是 2001 年的 18.4 倍。

第八章　人民生活水平大幅提升

改革开放 40 年来，稷山城乡居民收入持续上升，生活富裕程度不断提升。

2019 年全县财政用于民生支出达到 14.75 亿元，增长 5.9%。2019 年全县城镇居民人均可支配收入 29030 元，比 2004 年增长了 3.7 倍，年均增长 10.9%。农村居民人均可支配收入 12316 元，比 1978 年的 59 元增长了 207.7 倍，年均增长 13.9%。

2019 年城镇从业人员平均工资达到 56094 元，是 1978

年的117.4倍,年均增长12.3%。2019年,全县共投入扶贫资金1346万元,共脱贫1123户2371人,全县159个村新建改建农村老年人日间照料中心,整体脱贫和精准脱贫正在攻坚制胜。

第九章　各项事业全面进步

党的十八大以来,稷山深入实施服务业提速发展计划,以充分发挥文化旅游资源优势、培育壮大战略性支柱产业为载体,使服务业成为全县经济转型升级的重要引擎和新的经济增长极。2019年全县实现服务业增加值45.7亿元,是2012年的1.9倍,年均增长9.5%;完成服务业投资16亿元,是2012年的1.7倍。大力弘扬稷王文化,成功申报国家板枣公园,全面开工大佛文化园项目,整合青龙寺、稷王庙、大佛寺、法王庙等旅游资源,积极融入"古中国·大运城"旅游热线,稷山逐步发展成为极具实力和魅力的古中国农耕文化旅游目的地。2019年全县接待游客274.8万人次,实现旅游总收入21.9亿元。稷山县获全国卫生先进县荣誉,翟店镇进入山西省百强镇榜单,西社镇进入全国重点村镇名单。

一、文艺活动有声有色

2019年,稷山县圆满完成全国第二届青年运动会稷山站火炬传递活动,成功举办第三届桃花节、第九届板枣文化节等活动。蒲剧电影《枣儿谣》荣获全国"优秀戏曲电影"奖,《铁面御史姚天福》荣获第二届山西省艺术节暨第十六届"杏花奖"评选4项大奖(新剧目奖、编剧奖、导演奖、音乐设计奖)。总投资30亿的圣王山文化旅游景区开发建设前期规划已完成。马跑泉村被评为"山西省首批3A级乡村旅游示范村"。

二、教育事业长足发展

改革开放40年来,稷山坚持教育优先发展战略,持续改善办学条件。陆续建成稷王小学、县直幼儿园、稷王幼儿园、实验初中、稷王高中、新建育英小学。2019年,全县学前3年毛入园率99%,比2012年提高27个百分点;高中阶段毛入学率95.8%,比2012年提高0.5个百分点;高考全县文理两大类二本B类达线946人,比2012年提高243人。

三、卫生医保有力有效

改革开放40年来,稷山县卫生医疗服务水平全面提升,为全县人民提供了坚实可靠的医疗保障。2017年全县拥有医院床位数2636张,是1978年的3.1倍;卫生技术人员是1978年6倍。2019年各级各类医疗卫生机构比1978年增加276所;2019年全县医疗改革进入全省第一方阵,稷山县被确定为全省紧密型县域医共体综合示范县,全国县域综合医改观摩团到稷山县观摩,县医院被评为"全国医疗服务价格和成本监测工作先进单位",中医院入选"全国县级医院综合能力提升项目单位",妇幼保健院综合楼、残疾人康复中心主体完工。稷山县医养结合工作全省领先，职业健康卫生监督护航走在全市前列，翟店镇创建全国卫生乡（镇）通过评估验收。

四、就业社保扎实推进

改革开放 40 年来，全县劳动就业规模不断扩大，2019年全县城镇新增就业 4548 人，其中，创业就业人数 744人，城镇失业人员 144 人，再就业人数 988 人，就业困难人员就业人 418 人。转移农村劳动力 6586 人，高技能人才培养 137 人。公开招聘农村小学教师、医疗卫生专业技术人员和一般事业单位工作人员 247 人；社会保障覆盖范围扩大，2019 年全县城镇基本养老保险参保人数 29850 人，城镇职工基本养老保险参保人数 10429 人，企业基本养老保险参保职工人数 19421 人，城乡居民基本养老保险参保人数 175122 人。城镇职工基本医疗保险参保人数 15102人，城乡居民医疗保险参保人数 331170 人。失业保险参保人数 16484 人，工伤保险参保人数 50700 人。2019 年全县共审定城市低保对象 185 户 335 人，共发放城市低保金207 万元。审定农村低保对象 1703 户 3396 人，共发放农村低保金 1409 万元。2019 年共发放五保供养经费 478.5万元。2019 年大病救助 129 人次，发放大病救助 56.0 万元，医疗救助 1211 人次，发放医疗救助 99.8 万元。2019年各类收养性单位床位数 1450 张，收养人数 930 人。2019年国家抚恤、补助各类优抚对象 8046 人，共发放补助款1562.9 万元。

五、城乡环境优化提升

改革开放 40 年来，稷山县着力推进城乡环境建设，城乡面貌发生了巨大变化。2019 年，稷峰街整治提升、县委广场改造、县人民法院搬迁等工作全面完成；大佛北路、育英小学、东环路、108 国道人行天桥等工程均投入使用；大佛文化园稷山塔、敞殿、观景台、千佛阁等主体工程全面完工；环城北路、富强街西延、火车站站前广场、城市供水管网及配套设施建设、稷王庙广场拆建等工程有序推进；汾河国家湿地公园 300 亩荷花塘、150 亩杞柳及 500 亩绿化栽植等项目完成，滨河万亩葡萄生态观光园加快推进，"一轴一圈一园一带"规划布局逐步实现。民乐园、民悦园整治提升效果显现，县城三面环水、四边有林的生态格局持续巩固。"五城同创"深入推进，城市管理更加精细，城市内涵不断丰富。2019 年，全县城市生活污水处理率达 100%；县城环境空气 PM2.5 实现自动监测，全年二级以上良好天气 135 天以上。全县人均公园绿地面积达到 5.0 平方米；县城绿地率达 30.7%；绿化覆盖率达 39.0%。

六、人口总量增长

改革开放 40 年来，随着经济快速增长，全县人口发展取得可喜变化。2019 年全县总人口达到 36.38 万人，比 1978 年增加了 12.7 万人；人口自然增长率由 1978 年的 10.1‰ 下降到 2019 年的 4.1‰，全县人口步入低速增长通道；人口出生率由 1978 年的 16.2‰ 下降到 2019 年的 10.6‰。

70年峥嵘岁月，70年光辉历程，在中共稷山县委、县政府的正确领导下，全县人民不懈努力，奋发进取，经济社会各项工作都取得了辉煌的成就。

进入新时代，谋划新作为。稷山人民将永远继承和弘扬革命老区的优良传统和宝贵精神，全面贯彻习近平新时代中国特色社会主义思想，积极推进全面建成小康社会的伟大进程，以奋发有为的精神状态，以与时俱进的发展思路，以切实有效的工作措施，努力开创科学发展、和谐发展、转型发展的新局面，共同谱写稷山人民美好生活的新篇章。

第四编　稷山革命老区发展典型村掠影

第一章　稷峰镇杨赵村

杨赵村位于稷山县最东端，距县城10公里，东与新绛县周流村接壤，距新绛县城15公里；南邻汾河，有桥直通下庄、清河；向北有大道，通往新绛县西韩、泉掌。全村由西杨赵、杨赵堡、东杨赵3个紧邻的自然村组成。全村11个居民组，1318户，5536口人，是稷峰镇最大的行政村。全村耕地面积5500余亩。汾河自东向西横贯全境，108国道、侯西铁路穿村而过，交通十分便利。

杨赵村解放初设管理区，1953年设杨赵乡，1962年改为杨赵公社，1981年复称杨赵乡，1994年经省政府批准成立全省唯一的独村独镇。2011年行政区划改革并归稷峰镇。随着行政机构的建立，地税所、国税所、工商所、粮站、信用社、邮电所、农电所、公安派出所、结核病医院、编制厂、铸造厂等机关、企事业单位应运而生。

杨赵村昔日有"杨赵河""码头上""古渡"等称谓，

旧时汾河宽绰，水深流急，水可载舟。清初杨赵村汾河湾码头商贾云集，物流不断，渡口繁忙，水手、船工众多，号称"水旱铁码头"，民国初年达至鼎盛，"码头街"长1公里有余，店铺、客栈林立，商业繁华。古时杨赵村建有南庙（后稷庙）、北庙（歇马殿）、玉皇庙、朝阳洞（纯阳殿）、鼓楼、魁星楼、文昌阁以及观音庙、慈云庵等，一个村里就有如此多的古建，在晋南各地乃至全省农村中都实属罕见。杨赵古有"卧牛村"之美誉，村南边东西两座池塘如牛的眼睛，村西南角的鼓楼和东南角的魁星阁如牛的两角，后稷庙则如牛头，半弧绕弯的村中大道形如牛脊，村北堡子城形如牛尾，葛家巷北口又名"牛尻子圈门"，居高俯瞰，整个村形犹如一头雄壮的卧牛畅饮汾河之水。杨赵又名"七台村"，因旧时全村共有7座戏台而得名。戏台大多建在庙宇之上，庙与戏台皆成为公益活动的场所。戏台多，祭祀神、佛的仪式及各种文化活动亦颇频繁，常有各种戏剧班社到此演出，不乏声誉远播的名演员，舞台多、演出多、戏迷多，加上水旱码头商业的繁华，自古迄今，杨赵村文化气息浓郁，是远近闻名的文化村。

一、古渡代有才人出，保家卫国竞风流

杨赵村文化底蕴深厚，民风淳朴，物华天宝，人杰地灵，作为革命老区村，富有光荣的革命传统，涌现出许多仁人志士和可歌可泣的英雄事迹。在日军占领杨赵古渡码头街、稷山燃起抗日烽火的1940年，中共乡吉特委任命的稷山县委书记郭兆英、组织委员王波、宣传委员冯培文等人到杨赵村建立党的秘密交通站。抗日救亡先驱葛恩全，又名王云，1951年担任稷山县委书记，他"七七事变"后即在绥蒙投身抗日，离别父母妻儿多年，未能与家人取得联系；正师级军队干部兰永德，1938年7月参加革命，先后参加过著名的百团大战以及上党、闻喜、临汾、汾孝、晋南、灵陕、淮海、渡江、滇南等诸多战役；南下干部兰占山，又名兰嘉喜，1945年3月偷渡黄河参加中国人民解放军，1947年6月跟随刘邓大军推进至大别山，1949年参加渡江战役，1950年进军大西南参加剿匪战斗；老八路葛立功1938年参加八路军奔赴抗日前线，1950年又参加抗美援朝战役……杨赵优秀儿女为党的事业、为新中国成立做出了突出的贡献。1949年4月，在党支部村委会的号召、组织下，全村10多名青年由兰木成、焦生祯、葛宗保打头组成支前担架队，在县城集训后，跟随十九兵团渡过黄河，转战大西北，送伤员，运弹药，筑工事，先后参与解放宝鸡、银川、兰州等战役，当年11月凯旋，杨赵青年经受了战火的洗礼，为全国解放奉献了来自老区的一片赤诚。

二、千年古村换新颜，改革开放迈大步

杨赵村北高南低，北为旱垣，南为盐碱滩地，人均土地少，粮食产量低，传统上以做小生意补充收入，百姓生活比较贫困。中华人民共和国成立后，特别是改革开放以来，旱地变水田，改良盐碱地，加之堤坝高筑，兴修水利，旱、涝均可保丰收，小麦亩产由200斤左右提高到800斤以上。据地理优势，杨赵村成为周边新绛、闻喜、万荣、乡宁、河津各县的信息、物流集散地，民俗文化交流传播中心。改革开放前,村里每月有 5 个逢集日,现在每月有 9 个集,腊月十八还有一个百年古会。每逢集会日,商品琳琅,人如潮涌,交易规模庞大,辐射周边各县。村民的主要经济收入由传统农业转向二、三产业,铸造加工业、手工业、服务业、商贸流通等都得到了快速发展,铝制品加工和红灯笼制作成为两大支柱产业,产品畅销全国 10 多个省市。鼎盛时期,全村大小铝制品加工户有 40 余家,总产值 1000 余万元,成为龙头产业。灯笼制作产业杨赵村具有传统优势,灯笼加工如今已成为农民增收的主导产业,全村每年有 2000 多人从事这一产业,灯笼品种已达 50 多个,年销售灯笼 400 多万对,产值过亿,人均收入超 8000 余元,此产业目前已被运城市确认为非物质文化遗产保护项目,发展潜力巨大。

中华人民共和国成立后,特别是改革开放以来,在各级党委政府的领导下,在历届支村委班子及全体村民的共同努力下,杨赵村发生了巨大的变化,各项事业蒸蒸日上,人民群众生活日益改善。

开辟了商贸大街。经外出参观取经和精心设计,全长 1200 余米、宽 32 米的商贸大街高标准建成,商贸街店铺有 120 余家,从事修造、电焊、餐饮、食品、服装、百货、粮油、蔬菜、小商品及五金交电的商户达 80 余家。二、三产业的从业人数超过 2000 人,并且吸引了外地客商 40 多家落户经营。

兴建起教学大楼,村委发动群众集资捐款,四处借、贷、赊、欠,战胜重重困难,建起了一幢能容纳数百学生的教学大楼,为兴学育人奠定了良好基础。

修建了沿河长堤。发动全体村民治理汾河，筑起了绵延数公里的汾河大坝，根治了汾水泛滥。

完善了水利设施。发动各居民组踊跃打井，安装两台变压器，维修了扬水站水泵，整修了渠道，培训了技术管理人员，千余亩良田得到灌溉。

建成了高标准灯光球场，举办了多场篮球友谊赛，为增强人民群众体质，缩小城乡差别迈开了可喜一步。

创建文化广场，安装了大屏幕液晶电视，修建了中央篮球场，绿化美化了广场。

完成全村道路硬化工程。村干部牵头筹资数百万元，使全村大街小巷高质量高标准硬化全覆盖，村容村貌焕然一新。

修建了4座通村门楼，建成"幸福苑""嘉诚小区"两个单元楼住宅区。安装了标志性工艺路灯300余盏。目前，100多人的"威风锣鼓队"和"河东楹联第一村"成为杨赵村文艺文化活动的两张新名片。

近年来，支村委一班人发扬"讲操守、肯吃苦、能干事"的开拓精神，坚持以科学发展观为统领，以新农村建设为中心，以增加农民收入为根本，以改善人居环境、提高群众生活水平为重点，关注民生，顺乎民意，把握机遇，勇于挑战，在探索和创新中不断超越。在不久的将来，一个全面达小康，更具特色的现代化新杨赵将呈现在这块古老的土地上，相信杨赵的明天更美好！

第二章　稷峰镇马家巷村

稷山县稷峰镇马家巷村位于县城以西 10 余公里，全村有 6 个居民组，350 余户，1600 余村民，耕地面积 2700 余亩，其中水浇地 2000 亩，以种植粮食作物为主。小麦亩产 900 斤左右，玉米亩产可达千斤以上。2010 年人均收入 4000 元，2019 年达到 9100 元。

马家巷村土地平旷，土质肥沃，地处汾河谷地，全村有 16 眼机井，一处机电灌站，埋设灌溉管道 13 公里，农业生产条件优越，是一个传统的农业村。村南有 108 国道和汾河贯穿东西，村西有西环路穿境而过，村北侯西铁路横贯全境，交通十分便利。村内大小街巷全部水泥硬化，自来水全部入户，新建的小学设施一流。如今的马家巷村，街宽路直，村容整洁，绿树成荫，鲜花盛开，学校书声琅琅，广场笑语喧哗，作为社会主义新农村建设推进村，广大村民安居乐业，生活安逸，这个黄土地上的小村庄正焕发出勃勃生机。

一、坚强的革命根据地

马家巷村南临汾河，北有高垣，晋韩公路穿村而过。1936 年受红军东征宣传抗日影响，1937 年建立了中共党支部，一年时间就发展党员 20 名，有 12 名青年参加抗日武装走上前线，村里成立了农、青、妇等群众救国组织，全面开展抗日斗争。1938年中共稷山县委驻该村,成为稷山革命根据地。该村村民李银来1937年加入牺盟会,在村内发展会员三四十人,并成立"牺盟会马家巷支部",培养了一批抗日积极分子。李银来1937年12月加入中国共产党,任中共稷山县委组织委员、中共稷山汾北区委书记,1938年成立了马家巷村党支部,先后带领20多名新发展的党员,组建农、青、妇等抗日救国团体。抗战期间,该村青年踊跃参军,报效国家,成为光荣的革命战士,不少人为革命献出了宝贵生命。李银来还自己筹款制作小船,在汾河上摆渡我党地下工作人员,传送情报。抗战期间,该村青年自发组织截杀日军两人,把缴获的步枪送给了抗日队伍。一直到解放战争时期,马家巷村仍然是汾河北岸我党的一个坚强的革命堡垒,为人民的解放事业做出了突出的贡献。

二、前进中的新农村

中华人民共和国成立后,在各级党组织的领导下,广大村民战天斗地,发展生产,积极开展农田水利基本建设,改善农业生产条件,优化村民生活环境,村容村貌和群众生活发生了翻天覆地的变化。马家巷村旧址位于108国道旁,地势低,汾河涨水时常被淹,群众的财产和生命安全难有保证。为此,1965年到1968年,村支部和大队规划选址,组织村民一次规划、分期搬迁,建成如今这街宽巷直、安全舒适的新农村。全体村民辛勤劳作,平田整地,兴修水利,该村连年成为全乡和全县的先进村、模范村。

改革开放以来,该村支村委一班人与时俱进,急群众之所急，想群众之所想，积极探索新形势下的发展思路，谋大事，办难事，着力改善全村的基础设施，先后水泥硬化通村路1000米，水泥硬化环村路1000米，碎石硬化田间耕作路2000米，确保了村民出行和耕作便利。新建村老年协会和支村委两幢二层楼，成为村民活动和休闲娱乐的中心。马家巷村小学按照一流标准兴建，设施先进，师资力量雄厚，为本村和附近村庄的学生就读提供了方便。村集体连年开展水利建设，新打机井13眼，铺埋灌溉管道1.3万米，全村耕地基本实现水浇。大力实施街巷绿化、美化、亮化和自来水入户工程，人居环境进一步优化。2009年，马家巷村荣获省级生态文明村称号，全村人口全部纳入新型农村合作医疗体系。

三、探索中的致富路

马家巷村土地平整肥沃，水利条件优越，交通方便快捷，民风淳朴勤劳，这些都是快速发展的优势条件。但多年来，村民的经济收入一直徘徊不前：一方面，农业生产条件的优越，使温饱即安的小农经济意识更加根深蒂固，村民靠春种秋收即可维持正常生活，对外出打拼闯天下积极性不高；另一方面，近年来多次农业调产的失利，也挫伤了群众调产的信心。一度发展过的河滩地大棚菜、枣粮间作种植枣树、发展红提葡萄等调产措施，都因种种原因没有取得实际收益。面对群众的畏难情绪，支村委一班人调整思路，瞄准调产方向，以典型引路辐射带动推广，在大力发展枣树种植方面取得了明显的效果。针对村民徘徊不前的经济收入状况，支村委班子制定了一系列行之有效的措施：一是建立村级农业技术服务体系，切实服务农民调产，组织农技人员深入田间地头问诊下药，及时解决农民在农业生产中遇到的问题，帮助农民科学种田、科学管理，防止因管理不善而导致减产、减收伤农。二是正确引导村民外出创业，拓宽致富途径。通过各级政府和社会中介，有组织地帮助村民外出务工或创业，发展一批有能力的致富带头人，通过榜样的力量带动广大村民致富奔小康。三是推进农村社会保障体系建设，使广大村民能够病有所医、老有所养，减少后顾之忧，促进和谐稳定，同时，积极争取各级部门对革命老区的帮扶，争取政策、资金方面的倾斜，解决村民自身难以解决的实际困难和问题。

马家巷村是一片肥沃的土壤，是一块坚强的革命根据地，是一座红色的革命摇篮。马家巷村在抗战中哺育了一批革命志士，功不可没；同样，在社会主义建设和改革开放中，他们战天斗地，成绩喜人。今天，在新农村建设的大潮中，马家巷村又被确定为新农村建设重点推进村，百尺竿头，更进一步，相信勤劳勇敢的马家巷人一定会不负众望，再创辉煌。

第三章　西社镇沙沟村

稷山县西社镇沙沟村位于吕梁山脉的姑射山之南、圣王山下，是一个四山环抱、三涧带绕的小山村，因沟多、沙多，故名沙沟村。本村距县城12公里，全村118户492

口人,党员 17 人。全村有 828 亩瘠薄旱地,分布在 5 岭 8 坡 12 洼之上。就是这样一个山岭环抱的沙沟村,几十年沧桑巨变,由一个贫穷落后的小山村变成远近闻名的富裕村,成为稷山县首批新农村建设示范村。

一、沙沟村革命战争年代的贡献

沙沟村位于吕梁山麓的晋家峪前沿。晋家峪东边是马壁峪,西边是黄华峪,越过陈家山翻过韩山的崇山峻岭便直至乡宁、吉县等地。这里山高林密,沟壑纵横,居高临下,进可攻,退可守。抗战岁月里,晋家峪以其特殊的地理位置,成为稷山县的战时中心。退居吉县克难坡和陕西宜川秋林镇的阎锡山集团把这里设为前沿阵地和统治汾南各县的重要据点。政府机关从这里向北可直通乡宁、吉县,可与省政府直接取得联系。当然,作为交通要冲,从这里往西也可直达革命圣地延安。

1937 年卢沟桥事变后,日本帝国主义发动了全面侵华战争。1938 年春,日军占领稷山县城,国民党稷山县政府从县城迁移到马家沟。晋家峪一带先后集结了国民党二战区的大量正规部队、地方武装和政府机关人员。稷山县政府及所辖财政局、支应局、司法局、稽征局、民政科、教育科、建设科、社会科、地征科及供给部等全都进驻晋家峪的马家沟。沙沟村位于晋家峪峪口,地势险要,既是抗日前哨,又是抗日根据地,三十四军、八十三军两个军部、七十三师师部,二一七团、六十团、特务团、保安队、自卫队等先后驻扎。晋家峪驻扎过闻喜、安邑、万泉 3 个县政府及粮站、布站、三救部、县党部、特警队、敌工团、督导团、稷山牺盟分会等单位，沙沟村前的123高地和村西的浮头岭、村后的铺头西山等地，发生过多次惊险激烈的保卫战，在刘家堡、仁义村组织过多次出击战，沙沟村村民踊跃为部队机关送粮、派饭、带路、支差、送情报，战时随军参战抬担架、送弹药、救伤员，为抗战事业做出了突出贡献。

  作为抗战时期的文化教育中心，晋家峪拥有民族革命第一、第三高级小学、私立笃学中学，沙沟村则建有私立振华两级小学。学生大都是敌占区、交错区的爱国青年。两所私立学校的董事、教员不仅分文不取，还捐资兴学，为抗日救国做出了巨大贡献。抗战后期，二战区的扰民害民事件时有发生，编村特务横行乡里，残害进步人士，行为令人发指。时任辖区13县乡宁中心区秘书的振华学校学董裴汝霖、教员王第荣，皆以"共党"嫌疑被特警队逮捕入狱，受尽折磨，振华学校也由私办改为公办，由沙沟村迁往范家庄，后迁至太杜村。振华学校是一所由学董、教员、社会贤达捐钱、捐物集资兴办的义校，省农救会领导王世英，中心区农救会领导杨甲三、郭江云，县地下党领导冯培文以及新绛县樊俊顺率领的武工队都在学校居住和生活。12月晋西事变后，学校作为地下交通站又为牺盟会、农救会保护和转移革命同志，向各地转送革命文件做了许多工作。振华学校作为培育革命人才的摇篮，不少毕业生后来都参加革命，奔赴祖国四面八方。

二、沙沟村改革开放以来的发展变化

沙沟村位于吕梁山前的晋家峪口,地处马匹峪与晋家峪之间的一个小山沟中,总沟长虽仅 1000 多米,但傍沟山岭就有 10 多条,由于山高坡陡,沙沟村自古以来交通不便,信息闭塞,人们外出种田都靠走蜿蜒崎岖的羊肠小道。20 世纪 70 年代,沙沟是稷山全县闻名的穷村子。为了改变贫穷落后的面貌,沙沟历届党支部村委会带领村民自力更生,艰苦奋斗,努力使村民摆脱贫困走上致富路。特别是 1985 年韩喜龙担任沙沟党支部书记兼村委主任后,怀着高度的责任心和帮民致富的火热之心,想新的,干大的,沙沟村一步一个新台阶,年年都有新变化。先是在 1985 年省道建设改造时,积极争取在沙沟段降坡改线,公路从沙沟村边通过。然后带领村民开始跑运输并以此作为主导产业,到 1995 年时全村跑运输的车辆已达 70 多台,运输车队年产值 336 万元。1995 年村中建起 1000 余平方米的标准化教学大楼;1996 年开通连接省道的村中主干路,经翻沟过桥,原本崎岖蜿蜒的通村羊肠小道变成长 1000 米宽 5 米的水泥硬化道路,从此沙沟村变闭塞为畅通,为村民致富提供了有利条件。2000 年全村家家户户又安装了自来水。

沙沟村是首批省级社会主义新农村建设示范村之一,属半山区村庄,村民居住在东西两沟之边缘,中间被宽 70 余米、深 35 米、南北长 3000 余米的沟隔开,沟深路窄,村民生活、出行极为不便,严重影响全村的经济发展。为了彻底改变村容村貌,韩喜龙顶着压力,带领村民移山填沟,从 1992 年 7 月至 2001 年 6 月历时 4 年,工程投资 50

余万元，搬迁村民 12 户，动土石方 20 余万立方米，砌涵洞 360 米，造地 40 余亩，并解决了 15 户村民的住房问题。2001 年到 2002 年，建成占地面积 1750 平方米的文化活动中心和封闭式舞台，并对活动中心全部场地 1126 平方米加以硬化。2005 年硬化全村巷道并安装路灯 35 盏，在文化活动中心安装固定椅 480 个。2006 年在文化活动中心大院建成农民图书室 3 间，藏书 1 万余册。2006 年到 2007 年，在移山填沟而成的平地上建成"村民和谐公园"及配套设施，并兴建了村敬老院和主题展览馆。2009 年安装了党员远程教育网和农廉网。继运输业给村民带来巨大财富之后，养殖业也渐成规模，蛋鸡存栏超过 10 万只，肉猪存栏 1000 余头，解决劳动就业百余人。全村劳务输出 80 余人年收入 160 余万元，石料加工销售 10 户人家年收入 150 余万元。到 2011 年，全村人均收入超万元。

  2014 年，宋七龙高票当选村党支部书记兼村委会主任后，紧紧围绕"村容村貌建设、调整产业结构、农业增效农民增收"的治村规划，物质文明和精神文明建设同步发展，在沙沟形成了设施农业、养鸡基地、农家旅游等主导产业，大力创建美丽宜居农村，先后栽植侧柏并绿化荒山荒坡 1000 余亩；投入巨资彻底解决了村民生活用水和农田灌溉问题；建成老年公寓日间照料中心，并为该中心厕所安装了冲水式马桶；改造了村文化活动中心广场并安装照明设施。为实现村容美化，村委会投资修建装潢了进村门楼，对村里主要街道重新加宽、绿化。为了巩固现有养殖业，村里多次邀请专家对养殖户进行技术培训，目前已形成 50 万只蛋鸡的养殖规模，并建起统一处理鸡粪、死鸡的无公害处理场所。为缅怀历史，村里创建了运城市唯一、全省少有的《岁月见证》主题展览馆，馆内陈设了新中国成立前后以及改革开放以来当地农村历史变迁的照片和实物，参观者络绎不绝。经过多年的努力，全村党员干部和村民奋发创新和实干苦干的精神风貌已然形成，党务村务在全县全镇名列前茅，连续多年无上访事件和刑事案件，先后被省、市、县授予省级"十佳红旗党支部"、省级"先进文明村"、省市级首批"新农村建设先进示范村"等40多项荣誉称号。2015年，沙沟村被省政府确定为"山西省美丽宜居示范村"。

今天的沙沟村乡风文明，村容整洁，田间地头庄稼茁壮，养殖场里六畜兴旺，水泥大道小车穿行，和谐广场舞曲悠扬……村内主街道和大小巷道全部硬化，昔日的羊肠小道已难觅踪影，村中信息畅通，家家有电话，个个配手机，80%的家庭有小车出行，4000平方米的"和谐家园"花红草绿，树木秀美，花灯雕饰点缀其中。傍晚时分，村民群集在此休闲娱乐，其乐融融。党员活动室、千人大礼堂、山村卫生所、群众图书馆、小小幼儿园、温馨敬老院等公共基础设施为沙沟人的幸福生活打下了坚实基础。

第四章　太阳乡石佛沟村

稷山县太阳乡石佛沟村位于稷山县汾河南麓的稷王山下，东与闻喜县阳隅接壤。全村共有两个居民组，81户，320口人，党员15人。全村共有瘠薄旱耕地825亩，分布在一垣一嘴两厦四沟六岭上，大小地块超过200块。2010年人均收入为1890元，2019年人均收入为8000元。

一、石佛沟村有着光荣的革命历史

由于独特的地理位置和山沟纵横的自然环境，石佛沟村成为战争年代抗日的前哨阵地。抗日战争时期的1938年至1939年间，爱国将领孙定国率领的二一二旅旅部和医院驻扎在该村的王家祠堂。当时，战士们在全村各家吃派饭，村民们轮流给医院的伤病员送饭。男人支前，女人做军鞋，全村群众同仇敌忾，抗击日军，军民团结，鱼水情深。二一二旅由于有群众广泛的拥护支持，在稷王山一带昼伏夜出，英勇杀敌，端据点，炸炮楼，有力地打击了侵华日军的嚣张气焰。1945年春，中共稷山汾南县委驻扎在石佛沟的邻村屯元，县政府驻张才岭。石佛沟村的热血男儿曹奎儿、王英保等踊跃参加县抗日游击大队，作战勇敢，不怕牺牲，在十里八村声名远播，影响深远。曹奎儿在攻打董村战斗中不幸中弹，往东山转移时失血过多光荣牺牲，被批准为革命烈士。

二、新中国成立以来特别是改革开放40年来石佛沟发生了翻天覆地的变化

中华人民共和国成立后,石佛沟村民翻身做了主人,他们继续发扬革命老区人民的光荣传统,自力更生,艰苦奋斗,用自己的双手改变着一穷二白的落后面貌。特别是改革开放以后,石佛沟村着力改善基础条件,大力调整产业结构,建设富民设施,加快了勤劳致富奔小康的步伐。

(一)改善农业生产条件,调整经济发展结构

过去,石佛沟村村民祖祖辈辈以农为生,世世代代靠天吃饭,广种薄收。风调雨顺之年还能解决温饱问题,但一遇天旱灾年,往往歉收或绝收,有些地块还不够收回种子。中华人民共和国成立后,历任干部带领群众大搞农田基本建设,小块并大块,整修田间路,把昔日的"三跑田"变成了"三保田"。特别是2008年以来,针对经济发展滞后、群众增收缓慢的实际情况,党员干部和全村群众集思广益、群策群力,确定了拦洪蓄水、经济富民、硬化亮化和土地复垦4项重点工程。

在现任党支部书记、村委主任王青虎的带领下,全村人全力以赴,狠抓落实,多方筹资,推进实施四项重点工程。在实施四项工程的过程中,稷山县委、县政府和稷山县老区建设促进会大力支持,先后组织动员水利、畜牧、农业、城建、交通、卫生等部门以及太阳乡政府,以"落实科学发展观,促进老区发展"为课题,深入田间地头、村舍农户调查研究,到革命旧址重温党的优良传统,召开党员和群众代表座谈会,帮助落实了帮扶资金8万元和一系列帮扶物资、帮扶技术。运城市老区建设促进会的领导

还多次到村指导，并为拦洪蓄水工程帮扶资金2万元。

在各级各部门的关心支持下，石佛沟村民勠力同心，大干快干，四项重点工程进展顺利，有的已竣工受益。拦洪蓄水工程总投资110920元，修建1200立方米蓄水池一个，硬化过水路面300平方米，在蓄水池四周焊装了防护栏。这一工程的竣工，解除了全村群众天旱缺水、雨涝成灾的心腹之患，达到了变害为利、集雨护路的目的，还利用蓄水给新栽的核桃树浇水两次。在经济富民工程中，该村新栽植核桃树200亩，发展养鸡18家，组织劳务输出100人，养鸡存栏3.5万只。在村委大院硬化和街道亮化工程中，村集体投资1.8万元，县住建局帮扶水泥50吨，路灯25盏，硬化路面200平方米，安装健身器材9套。另外土地复垦工程正在积极争取项目、筹措资金，争取早日竣工受益。

（二）历时十年，完成了村庄整体搬迁

石佛沟村老村居住以窑洞为主。土窑年久失修，部分倒塌，加之交通条件差，出行不便，村民有病看医难，年轻人娶媳妇难，居住环境成了村民们生存的大问题。1984年冬，当时的党支部村委会和村民们反复讨论，决定在北坡上另行选址建新村。从1985年开始到1995年基本结束，完成了村庄整体搬迁。新村占地50亩，房屋整齐，街道平坦，大多数村民结束了住土窑的历史。但由于村民整体收入偏低，在新房建设过程中几乎家家有外欠，最多的五六万，少的也有两三万，这就需要加大对村民的帮扶力度，进一步增加收入，实现整体步入小康的目标。

（三）基础设施有了明显改善

近年来，石佛沟村发生了翻天覆地的变化。全村自来水全部入户。2010年，村里投资94071元，建了一座高8米、蓄水量50立方米的水塔，彻底解决了村民的吃水问题。电视、电话、手机、电灯普及到村到户，村委会院前新建了文化小广场，早晚都有村民健身锻炼。街道、村巷全部实现硬化，村民看病就医、出远门乘车、孩子上学则到相邻的下王尹村解决。村民医保参合率达到100%；改厕43户，占全村总户数的56%，基础设施明显改善。

第五章　稷峰镇西街村

作为稷山县政治经济文化中心区域的稷峰镇西街村，位于稷山县城西部，历史悠久，人文厚重。乘着改革开放的春风，这方热土村容除旧貌，民生步小康，物华天宝、人杰地灵的西街村焕发出勃勃生机。

一、西街史上多先贤

掀开稷山革命风云史，纵观西街百年沧桑巨变，西街村功臣荟萃，精英云集。

辛亥革命爆发后，西街村人张效翰任中华民国临时参议院参议员，参加反袁讨袁斗争，成为民主革命的先驱。1931年，西街人开办学校，传播进步思想，开展国耻教育，激励学生的爱国热情，一大批在校学生后来成为国之英杰，为新中国建立贡献了自己的力量。

1937年，稷山县牺盟会在塔南书院成立，西街村人吕光辰、李仁虎、王维汉、李树荣等积极参加并担任重要职务，领导全县人民开展抗日救亡、声援"一二·九"运动。西街村人李海竹女士担任妇救会秘书，以"稽查官"的特殊身份，宣传反帝反封建思想，动员全县广大妇女参加抗日救亡运动。

1937年10月，中共稷山县委在西街村成立。吕光辰任县委宣传委员。1938年3月，日军盘踞县城，烧杀抢掠无恶不作，西街村热血青年在抗日县长陈捷弟带领下，英勇顽强地与日军展开浴血奋战，西街村杜智愚和张振汉在作战中英勇牺牲。

1947年4月，解放稷山县城的战斗在西城门激烈展开，西街村不少村民都经历了这场惊心动魄的战斗；同年8月，稷山县人民政府成立，西街村人吕光辰为首任稷山县县长。

1947年10月，土地改革运动在西街村轰轰烈烈展开，斗地主，分田地，一切权力归农会。李生财任城关贫农团团长、城关农会主席，领导城关的土地革命。西街村马连贵、阎合姐也是农会主席，范明德、李桂英、黄五娃、侯志秀为农会委员，民兵队长为黄全顺、吕光辉。

1949年7月，西街村正式公开了党支部和党员，第一批党员是姚小怀、黄三娃、杜文端、范明德。解长青为西街首任支部书记，人民代表董子和任西街村村长。

二、改革开放迈大步

进入改革开放新时代,西街村抓住开拓奋进的历史机遇,开辟勤劳致富的各种途径。特别是党的十一届三中全会以后,西街村民高擎改革大旗,踏着时代的鼓点与时俱进,使西街村发生了翻天覆地的变化。

改革开放40年来,在西街支村委的领导下,西街村旧貌换新颜,经济全面发展,民生日益改善,村民安居乐业。新建的商贸步行街店铺林立,人流如潮,热闹非凡;昔日的昆仑岗人称"狼窝掌",如今建成民乐园,松柏苍翠,亭台楼阁,绿草如茵,繁花似锦,成为休闲娱乐健身的好去处。1993年,西街村召开了稷山县村镇管建现场会,1998年,在西街小学召开了稷山县校园园林绿化现场会;2000年,西街村被县委命名为"安全文明村",2001年,西街村荣获"千万元村"称号,并荣获"运城市小康达标村"称号。

1990年,西街村新建了"西飞亚"村委大楼,占地总面积2070平方米,大楼题名"西飞亚"寓意西街村经济腾飞,冲出亚洲。

1993年,在稷山县委鼎力支持下,西街支村委围绕老108国道开辟经济开发区,招募商家、门店和企业数十家,并在各居民组办起集体企业,一组为造纸厂,二组编织厂,三组建设蔬菜批发市场,四组为造纸厂,市场活跃,企业兴旺。

2001年,西街村经支村委决策和村民集思广益,历时60天建成占地1080平方米的以舞台为主体,集科教、图书、文娱、体育等项目和设施于一体的多功能群众文化活动中心。

2003年，占用原稷山医院旧址的西街小学，因地处繁华闹市，校舍陈旧，加之学生人数猛增，远远不能适应教育发展之需。西街支村委本着再苦不能苦孩子、再穷不能穷教育的理念，积极部署，集资筹款，2003年3月破土动工，历时7个月，位于康复路西段的现代化新西街小学建成。新校园宽阔整洁，教学大楼高大挺拔，为下一代的茁壮成长创造了良好环境。

从1993年至2003年，西街支村委率领4个居民组，在全县率先实施了街道整修硬化工程，10年内连续3次完善全村3个老区、5个新区、4个场地、147条巷道的硬化工程，共硬化街巷道15320米，总投资176万余元，西街村村容村貌焕然一新。为了解决村民吃水问题，支村委加大投资，会同县水厂合理规划、设计、施工，为全村4个居民组的4条主干道、6个居民区、282户村民安装了饮水设施，较好地解决了村民饮水用水难题。

2004年，为了展现西街村新姿，支村委带领村民新建了4座门楼，分布在西街村东西南北4个通村路口，门楼做工考究，巧夺天工，给西街村平添了秀丽景色。

2004年，为了发展经济，活跃市场，丰富城乡居民菜篮子，西街村在原西街小学旧址上，新建了农副产品综合批发市场，既方便了群众生活，又增加了村集体收入。

2011年前后，西街村的电力设施和电路布局显得陈旧、老化，供电质量严重不足。2013年，西街支村委加大投资，对全村的电器设备、电路设施全方位加以改造，全村大街小巷和两个广场、5条干道全都安装了照明路灯，每家每户的电气电路都拆旧换新合理布局，每一个路口，每一个角落都安装了视频监控，充分保障了村民的生命和财产安全。每个居民组都选派有专门的管理维修人员，受到村民们的一致称赞。

2018 年，西街支村委创办的老年人日间照料中心竣工。多年来，西街支村委关注老龄事业，每年九九重阳节支村委都会给 60 岁以上老人送上 300 元钱和 1 袋面粉、1 桶油。每个居民组春节都给老年人送上礼包和食品。在西街村里，每年支村委都会组织一两次 60 岁以上老人的观光一日游，让老人们游览祖国好河山，享受新生活；年满 80 岁老人每人每年发放 200 元养老补贴，天天享受半斤免费鲜奶。

改革开放 40 年，革命老区西街村年年都有新目标，岁岁都上新台阶。如今的西街村人，发扬革命老区自强不息的优良传统，干群团结一心，尽展西街新时代的新风采，为实现中华民族伟大复兴的中国梦，驰而不息，不懈努力！

第六章　清河镇清河村

山西省稷山县清河村位于县城东南 12 公里处的交通要道上,是汾河以南、稷王山北麓垣上的一个大村。全村面积 20000 余亩,其中耕地面积 12000 余亩,盛产粮、棉、瓜果、蔬菜,是稷山县主要的粮、棉产区。清河村是稷山县 4 大古镇之一,也是区(镇)政府所在地。1919 年设区,1954 年改乡,1958 年成立人民公社,1984 年恢复镇。

一、光辉的革命历史

清河村是革命老区。在抗日战争最艰苦的时期,村民们不怕风险,全力支持抗日救亡并成立了"怒吼"剧团,积极宣传抗日救国思想。1938 年 9 月,二一二旅前身晋绥教导第三总队在清河村成立,随后在清河一带开展抗日活动。解放战争时期,村民踊跃支前,为稷山解放做出了应有的贡献。清河村民先后有 50 余人奔赴全国战场,有 26 人为中华民族的解放事业献出了宝贵的生命。

中华人民共和国成立后,清河村从 400 余户不足 3000 人口,发展到现在的 1600 余户 5000 余人,经济社会发展实现了巨大的飞跃。

1949 年前后,清河村在支书冯普照的带领下开展土地改革,彻底推翻了封建的土地制度。1953 年农村土地改革基本结束后,清河村的中心工作转到发展农业生产上,经历了互助组阶段,至 1956 年成立"初级农业生产合作社",再经过一年的扩张、整编,1957 年成立了"高级农业生产合作社"。与此同时,清河村教育事业也有了新的发展,小学有 4 个年级,每个年级设甲、乙班共有 8 个班,学生人数 200 余人。清河信用社 1955 年成立,为农业生产发展注入了新的活力。

1958 年全国"大跃进",清河村成立了人民公社,先称东风公社,后改称清河人民公社,辖现在的清河镇和修善乡。公社成立后,第一件大事是修建三交水库,投入全部人力财力,两年时间建成了水库,又用一年多时间人工挖通了从三交水库到清河的引水道。稷山县铁木业社在清河"三义庙"院内建成。清河村有史以来第一次街上有了电灯。波兰产拖拉机在鞭炮声中开进了清河村,并设农机站。清河供销社在支村委支持下,建设了街市门店,极大地方便了百姓生活。清河地区医院在清河南门外挂牌成立,是清河镇医院前身。清河大庙内原有东西两座戏台被学校占用,公社将大庙西戏台拆除,在大庙的北边盖起了大剧院,成为召开群众大会和文化活动的主要场所。清河村成立"清河生产大队管理委员会",下辖 15 个生产小队。

1963 年,农业生产在三年自然灾害后得以恢复。为了解放劳动力,千方百计上马了石磨面机和柴油磨面机。又新上一个加工厂,解决了加工面粉和棉籽榨油难题。

1964 年,随着人口增加、学生入学率提高,各小队出工新盖了两排 4 大间教室;同年,大队抽调中学毕业生建立小农场,培育农业新品种,开展科学种田试验。为了搞活经济,大队成立了骡马运输队。为了壮大集体经济,解决生产和社员生活问题,大队在 1967 年至 1968 年间又建设了一个大型加工厂,不断添置机器,开展多种生产经营:磨面、榨油、粉条加工、梳棉、织布、铁业、运输,等等。大队还购置两台轮式拖拉机和一台东方红链式拖拉机,降低了农田生产劳动强度。

1966年,汾南电灌站开始兴建。清河人民全力投入二级、三级、四级、五级、六级机坑的开挖和高灌渠工程,三年多的苦劳,换来了农业生产的稳定高产,提高了社员生活水平。

1969年,大队新建了百亩果园,取得良好的经济效益。1969年,全大队小麦平均亩产突破300斤,棉花亩产达到80余斤,受到国务院棉花小组的调查与表扬。

1973年,大队成立保健站,实行合作医疗,群众的医疗条件得到较大改善。

1975年,重点解决学生入学难问题,增设班级,新建教室,增加师资力量;为适应村民文化娱乐需求,对舞台作超前设计和扩建。1976年,重点解决了村民吃水难题,新建了水塔,自来水送到家家户户,村民们彻底告别了肩挑手提吃水的历史。

二、改革开放以来的新变化

1978年党的十一届三中全会上,党中央做出"把工作重心转移到经济建设上来,实行改革开放"的决策,全国一片沸腾,清河村也积极响应,努力发展生产。

1982年,清河村开始实行家庭联产承包责任制,大队又组织了大规模的集体平田整地,为联产承包责任制的施行创造了良好条件。在实行家庭联产承包责任后,大队对社员播种、管理给予技术指导,提供病虫害防治技术,减少群众灾害损失。

1984年,生产大队取消,生产大队改名为村委会,村一级的组织形态发生了翻天覆地的变化。

1987年到1988年村委会在堡子上新建了高灌站,为农业灌溉提供了极大便利,同年,村里还成立了老年协会。

1989年到1992年,支村委一班人对原村街道加以拓宽,并新建了村委大院,改善了村里的环境。

1992年到1996年,对街道进行了路面硬化,修建了清河到管村、清河到吴壁的公路干线,改善清河群众的出行条件,并在全村推广果树栽植技术。

1997年到2008年又成立了村经济开发公司,安装了闭路电视,硬化了清河到三交、吴壁村的道路,重新整治党员活动室,对村容村貌进行大整治,更新和改造了文化广场,新建了教学楼,村委会搬到了剧院,并对舞台进行了装修。

2011年村委会又对街道的照明进行了改造,在村主街道安装了太阳能照明灯,为村民的夜间出行提供了极大便利,同时也丰富了清河人民的夜生活。

2012年,新支村委班子上任后,为了解决街道拥堵的难题,在本村堡子上新开了一个农贸市场,使街边秩序大为改观,对已破烂的主街道拆旧铺新,高标准硬化。

2014年为解决群众卖果难问题,对原果库进行了修建和硬化,设立了收购网点。开通了全村循环路,硬化了全村所有出口。新一届村委还推动实施了投资7000余万元的正南巷城中村改造工程,新建了日间照料中心、教育基地,整修了村委大院和舞台,组织实施了经济转型发展,大力推广经济林种植,为清河村的经济发展打下了基础。

回首过去,清河村伴随祖国一起成长。展望未来,清河村正站在新的历史起点上,以习近平新时代中国特色社会主义思想为指导,大力实施乡村振兴战略,按照产业兴旺、生态宜居、村风文明、生活富裕的总要求,加快推进经济转型,培育新型农业,支持和鼓励村民就业创业,拓宽增收渠道。同时,大力提高村民素质,争取早日把清河村建设成为一个文明、富裕、和谐美丽的社会主义新农村。

第七章　西社镇马家沟村

马家沟村是山西省稷山县西社镇所辖的一个偏远山区行政村,由后涧头、核桃园、马家沟、马趵泉、中土地、陈家山等7个自然村组成,南北15公里,东西10公里。行政村现有245户735口人,耕地面积1300余亩,退耕还林地800余亩。

马家沟村地域广阔,风景优美,文化底蕴深厚,文明历史悠久;同时,也是一个饱受磨难、见证过烽火岁月的革命老区。

清末,马家沟行政村几个自然村归乡宁县管辖,民国时期划入稷山县。日军侵占河东诸县后,革命老区马家沟村就变成了运城地区的抗战根据地:稷山县抗日民主政府驻马家沟村玉皇庙7年半；闻喜县抗日民主政府驻马趵泉村"耕读"大院3年；安邑县抗日民主政府驻庄头村窑洞院群3年；夏县抗日民主政府在中土地唐槐下窑洞院落办公近两年；二战区七十三师总部设在中土地；从后洞头到陈家山各村都驻扎有国民党军和共产党领导的抗日游击队伍；县政府下辖的公安局、土地局、教育局、税务局、支应站、粮站以及各类高小教育机构都驻扎在各村办公；山西稷山县牺盟会抗战前期在核桃园村，日军1941年入侵后洞头村时迁入玉皇庙。

总之，抗战时期的马家沟村，一度是河东地区的战时中心。老区人民为了抗战胜利，在抗战后方做军鞋、抬担架，为前线战士送水送饭，做出了巨大牺牲。

中华人民共和国成立后，马家沟行政村也同广大的中国农村一样，人民群众当家做了主人，积极投身社会主义革命和建设：1958年为大炼钢铁，马家沟村民与各县群众一起合力打通了从石铭碑到陈家山的"钢铁公路"，畅通了稷山县北大门；1960年至1965年，马家沟村响应国家号召，全体村民配合林业部门开展了广泛而持久的植树造林运动，由于成绩显著，受到山西省委、运城地委和稷山县委的多次表彰，当时的村支部书记韩上官被省委授予"山西省植树造林劳动模范"；老区人民靠人挖肩挑，把山区贫瘠的小块土地改造成大面积良田，为粮食自给打下了坚实的基础；各自然村都建起了小学，增设了村办初中，赤脚医生随时服务村民。

党的十一届三中全会之后，中国进入改革开放新时期。土地承包责任制的实施，使村民积极性大大提高。粮食产量大幅度提高，山村民众从窝窝头吃不饱变成了家家馒头吃不完，彻底改写了村民衣食忧愁的历史。1995年，稷山县委、县政府安排交通部门把石铭碑到陈家山的233省道路段全程硬化，村民出行更加便捷；1996年在村委主任许安法的努力下，马家沟村取得市、县、镇各级党委政府及相关部门的大力支持，村民集资筹劳，马家沟村寄宿制小学教学大楼建成投用，一度成为山西省寄宿制学校发展的典型，多地都到马家沟村借鉴办学经验。2002年至2003年，响应国家退耕还林政策号召，马家沟动员村民用两年时间在山坡地栽树800余亩，为山区生态建设做出了应有的贡献。2005年，支村委取得政府支持，村民集资筹劳，把后涧头、马家沟、中土地3个自然村的道路街巷全部硬化，并安装路灯，通自来水，这3个村成了全县村级道路街巷硬化工作的先进典型。2006年马家沟支村委动员群众，多方筹资，整体修缮当年抗日民主政府驻地玉皇庙，并在西二楼设立抗战历史陈列馆，同年玉皇庙也被列为"稷山县青少年爱国主义教育基地"。2014年，稷山县委组织部对抗日民主政府旧址玉皇庙再次加以修缮，重新设计制作展览版面，成为"稷山县党员干部教育基地"。

党的十八大以来，马家沟村支村委一班人，牢记竞选时的承诺，紧跟时代步伐，积极争取政策支持，做了一系列工作：2014年11月，马趵泉村入列第三批中国传统村落名录；2017年1月入列第五批山西历史文化名村，在"第二届全球互联网+健康科技创新"表彰大会上，马趵泉村荣获"千年古村落 长寿文化村"称号；2017年10月，中国传统村落保护发展中央财政资金拨付到位300万元，马趵泉古村整体村貌及道路街巷改造整修完成,并修建了1号2号生态停车场,马趵泉古村的基础设施建设趋于完善;后涧头村架桥修路,庄头村引水到村,村委文化活动中心落成,等等。如今的马家沟村正在与林业部门合作申报山西省蟠龙山森林公园,积极申报马趵泉村为第七批中国历史文化名村;同时把马趵泉村韩氏民宅和稷山县抗日民主政府旧址申报为省级文物保护单位。宗岳太极拳已成功列入市级非物质文化遗产项目,青龙古节、马趵泉的传说、马趵泉传统花鼓列入县级非物质文化遗产名录。2018年,马趵泉古村申报了省级旅游扶贫示范村。

第八章 稷峰镇南阳村

南阳村东临县城,南襟汾水,108国道依村而过,地理位置优越,历史积淀厚重。勤劳的南阳村村民祖祖辈辈生活在这里,用辛勤的汗水浇灌着这方热土,一代又一代南阳村人为了追求自由和幸福,谱写了一曲又一曲壮丽的篇章。

追根溯源,南阳村历史悠久。植根于后稷故里,后稷教民稼穑,培育五谷,奠定了五千年的农耕文明;高欢在昆仑山上削山筑寨,秣马厉兵攻打玉璧城;法王庙古朴典雅,明代舞台六百年屹立不倒全国少有;万亩枣园春色盎然,见证了历史的轮回。

第八章 稷峰镇南阳村

一方水土养一方人。南阳自古人杰地灵,英才辈出。元代监察御史姚天福不畏强权,铁面无私,力劾权臣阿合马,斩杀忽必烈宠臣小甘浦,震惊朝野,千古流芳。

中共稷山县首任书记姚晋泰,在那血雨腥风的年代,抛家舍业,播撒革命火种。任全夫少年有志,投奔红军,戎马一生;国学大师姚奠中诗书画印,誉满海内外。家国情怀、大德仁风在南阳儿女的血脉里流淌。在日军践踏国土、战火纷飞的年代,稷山共产党组织就在南阳成立。进步青年梁文选、王文彦、姚西明、王吉臣、苏天福、王建中领导村民在南阳村开展反贪污斗争,赖牺盟会支持,最终取得胜利,在稷山全县引起强烈反响。地下交通员姚云峰、吴景尔、黄小黑冒着生命危险日夜兼程传递情报。更有一批批热血青年在国家危机存亡之秋,毅然投身革命,报效国家,为中华民族解放和新中国的诞生,抛头颅洒热血在所不惜。

南阳村历史上涌现过一大批仁人志士和革命先驱。早在 1931 年,先进青年姚晋泰在运城山西省立第二师范学校读书时加入了中国共产党,后与返乡党员郑辑五接上关系,发展李鸣阁等人入党,并在稷山县"进化书社"后院小阁楼上召开了稷山县第一次党员大会。特委特派员阎子祥宣布稷山县第一个共产党组织中共稷山支部成立,姚晋泰为书记。以"进化书社"为基地,发行党内刊物和进步书籍,影响扩大到晋南各区县。稷山革命的新纪元,由此开启。

1932 年,进步青年姚益泰加入中国共产党。在新绛绛垣中学时发起组织"新文学研究会",传阅进步书刊,声援"一二·九"运动，宣传发动民众投身抗日救亡运动。1936年，姚益泰与同学在稷山城郊以"抗日救亡工作团"名义宣传募捐，支援抗战将士。

抗日战争时期，南阳村先进青年梁文选1937年加入中国共产党。1938年夏，南阳村建立党支部，建立地下交通站。南阳村党组织以县牺盟会名义发动民众反官僚地主欺压，反贪污压榨，要求实行合理负担。南阳村进步青年王文彦、姚西明、王吉臣等人收集材料，张贴标语，召开群众大会，向反动势力展开斗争并取得最后胜利，在群众中产生极大反响。斗争锻炼人，王文彦、姚西明、王吉臣等人走上了革命道路，先后加入中国共产党。王文彦家里设了交通站，通过地下交通员姚云峰、黄小黑、吴景尔等联络起新绛、河津、万泉、乡宁周边县的情报工作。交通站传递文件，护送来往人员，站岗放哨，畅通了稷山县党组织同上级的联系，为革命胜利集聚了强大的力量。

1947年稷山解放，同年10月进行土地改革运动。南阳村又有一批志士加入共产党，他们是蔺十五、姚珠儿、刘金菊、王双喜、姚福合。这期间在外工作入党的还有黄文益、齐二娃、姚铁蛋等人。1949年7月1日，中共稷山县委在县城稷王庙召开全县党员大会，正式公开稷山县党组织。当时全县共有党员891人，南阳村有党员20多人。

现在的南阳村党支部，共有党员93人。

姚晋泰（1909—1935），南阳村人。稷山早期中共党员，稷山地下党组织创建人之一，革命烈士，生于书香之家。1927年考入运城省立第二师范，开始接触"进化论"

和马克思主义。1931年加入中国共产党,并担任校党支部宣传委员,从事党的地下活动。1932年,地委组织委员阎子祥到稷山指导党建工作。12月在"进化书社"召开稷山县第一次党员会议,成立稷山县第一个党组织中共稷山县特别支部,姚晋泰任书记。1932年,姚晋泰联络稷山、河津、万泉、新绛等县进步青年聚会,介绍多人入党。1935年,姚晋泰在发动起义迎接红军时,于陕西柞水牺牲,时年26岁。

王文彦,南阳村人。稷山早期共产党员,优秀地下工作者。1938年由李银来介绍加入中国共产党,在晋西南党训班学习后负责党的交通联络工作。1945年调任稷山抗日一区区长,后又调任吕梁十分区二中队副指导员。1949年参加临汾、太原解放战役后,随军西进,在青海乐都县工作,历任财政科科长、粮食局局长等职。1953年调交通部西安筑路机械厂任副主任,在北京交通干校学习一年后,又调回青海,先后任青海燃料基建处长、青海省大通矿务局副局长。1963年重返交通部二局二处,历任副主任、副处长、处长等职。王文彦在近半个世纪的革命生涯中,不畏艰辛,不怕牺牲,艰苦奋斗,无私奉献,为民族独立、人民解放以及社会主义革命和建设事业做出了重要贡献。返乡后始终保持和发扬共产党人的优良作风,建言献策,全力支持支村委一班人工作,多次受邀给小学生讲革命传统。

梁文选(1906—1972),南阳村人。青年时接受革命思想,投身革命。1937年加入中国共产党。同年参加牺盟会并任秘书、干事。1938年地下党在南阳村成立党支部,梁文选为第一任书记,发展了一批爱国青年参加抗日救亡运动。1939年任稷山秘密交通站站长。1947年负责南阳、马村、吴城土地改革工作。1948年调太岳地委三区任秘书、干事。1949年任运城三区区长、人民法院院长。1953年在北京政法学院学习。1955年任闻喜县人民法院院长。1957年任晋南行署中级人民法院院长。1962年因病离休。回乡后任稷山县四、五、六届政协委员。1972年病故。

黄文益(烈士),南阳村人。中共党员,1950年任五区代区长,杜启明反革命暴乱时遭叛乱分子杀害。黄文益对工作认真负责,他带领群众搞土改,斗地主,分田地,减租减息,为宣传党的路线、方针、政策做出了贡献。

苏天福(1920—1980),南阳村人。1937年参加牺盟会并加入中国共产党。历任中共稷山县东北区书记、西北坡下区书记、县委组织委员等。1949年随中国人民解放军第一野战军进军大西北。新疆和平解放后任新疆军区供给处处长、新疆军区十二医院后勤处处长、喀什军区后勤部部长。后转入新疆维吾尔自治区地方工作。1980年去世。

革命火焰照亮了南阳这片沃土。中华人民共和国成立后,南阳人更加斗志昂扬,奋发图强,用极大的热情建设自己的家园。1958年村里建成小学。50年代城关人民公社在南阳村村北建起养猪场。1961年拓宽了村中央南北大街。1964年建成保健所。1965年再建加工厂。1968年盖起村委办公楼。

1969年在大队办公楼南建成颇具规模的舞台,这是中华人民共和国成立后南阳村的最大工程,解决了文化娱乐活动场所问题。为了解决粮食问题，在村委及县有关领导支持下，在荒坡地试种水稻获得成功，塞北变江南。又建设了四级引汾提水浇灌，让千年旱塬变成水浇田。

改革开放以来，南阳村人投资建企业，108 国道沿线工厂鳞次栉比。该村卫生所的妇幼保健工作驰名海外，国际红十字会多次参观造访。

在社会主义新农村建设中，村委响应国家号召，带领村民奔小康，提高村民文化生活水平，全村街道实现硬化、绿化、亮化。建水池、挖壕沟、通水管，全村家家户户吃上村北的优质矿泉水。万亩枣林绿家园，打造红枣品牌，规模化发展枣树种植，全面实施了街头巷尾网络监控。

第九章　西社镇高渠村

稷山县西社镇高渠村位于稷山东北吕梁山下，省道台运线穿村而过。高渠村现有 6 个居民组，490 余户，2100 多口人。全村土地面积 4382 亩。现有耕地面积 1355 亩，人均半亩多地。

高渠村是传统的农耕文明村落，有着悠久的历史，深厚的文化。相传四五千年前，此处是羲和观天制历的中心站。高渠村物华天宝，人杰地灵，是稷山县的革命老区，富有光荣的革命传统。1925 年加入中国共产党的高渠村人张汉民，中共早期党员，稷山县第一位共产党人。抗战时期，山西稷山县牺盟会也是在高渠村成立的。革命战争年代，高渠村的年轻人踊跃参军入伍，有8人献出了宝贵的生命。改革开放时期，高渠又走出了一批企业家，为兴村富民、兴稷富民做出了巨大贡献。

中华人民共和国成立初期，高渠村共有150余户700余口人，耕地面积4500余亩，农作物主要有小麦、玉米、棉花、红薯等。村民以农为本，普遍广种薄收，粮棉亩产量很低。经过土地改革，实现了"耕者有其田"，农民生产积极性提高，粮棉产量有所提高。

1953年，响应党的农业合作化号召，高渠村出现了5个农业互助组，整合了生产条件，推广了先进技术。1954年，涌现出"光明社"和"前进社"两个初级农业社，展开了劳动竞赛，实行互助合作，粮棉产量提高，农民生活明显改善。1956年由原来的两个初级农业合作社转变为一个高级农业合作社。土地等生产资料归集体所有，高渠村走上了农业集体化的道路。

人民公社化时期，高渠村改为高渠大队。平均主义大锅饭挫伤了人们的生产积极性，阻碍了生产力的发展。1964年至1977年，全村农田水利建设和基础设施都有所改观，打深井10余眼，东涧造地120余亩，改善了农田灌溉条件，扩大了耕地面积。

党的十一届三中全会后，高渠迎来了发展的黄金时代。农工商贸全面发展，农民生产积极性空前高涨，粮棉产量两年翻了一番。1991年粮食产量达到881.82吨，棉花产量达到49.8吨，粮棉产量均超过历史最高年，农业税如期完成。正是，"人叫人干人不干，政策调动千千万"。

"无农不稳，无工不富，无商不活"。高渠村农业的发展为工商业发展奠定了基础。80年代末，沐浴着改革开放的春风，凭借得天独厚的地理条件和交通优势，高渠村民营经济迅猛发展，工业企业异军突起，农、工、商、贸异彩纷呈，交通运输业蓬勃兴起。1996年，全村共有大小企业240家，集体参股企业两家，中型面粉厂8家，中型建材厂5家，大小焦化厂24家，大汽车140辆，大拖拉机8台，小四轮24辆，第二三产业产值达3800余万元。程控电话、彩电、冰箱、音响、摩托等高档商品得到普及，一半以上村民住上了新建房屋。村里安装了闭路电视，村委办公大楼和学校教学大楼拔地而起，桑塔纳轿车走进先富家庭。汽车运输成为当时的支柱产业，平均每5户就拥有1辆汽车，80%的劳动力从农业转向工业、运输业、服务业、建材业等。

90年代初，能源利用率低，给环境带来一定的污染。随着国家环保政策的实施和群众环保意识的增强，小型企业逐渐兼并重组，走上了规模、循环、绿色、环保、新型的企业发展道路。进入21世纪，由高渠人创办的大型民营企业有：山西永恒工贸有限公司、山西恒泰焦铁有限公司、山西永东化工股份有限公司、山西永祥集团稷山县晋华焦化有限公司、山西纺织焦化有限公司、山西华尧焦化有限公司、山西恒利煤焦有限公司以及开发焦化厂等。这些企业都在经济发展中发挥了举足轻重的作用，成为稷山县的纳税大户。这些企业的纳税总额一度占到全县纳税总额的四分之一以上。特别是永东化工股份有限公司，成为2011年以来山西省第一家上市公司。

2006年以来，在企业的赞助下，高渠村民免费用上了自来水，所有村民新农合医疗保险费由企业代为缴纳，村里环境卫生有专人负责，垃圾得到及时清运，大小街道全部硬化、亮化、美化。逢年过节有大型体育活动和文艺演出，文化活动中心硬件设施完备，设立了图书室、老年活动室，体育及健身器材众多，塑胶硬化了一个篮球场。60岁以上老年人每年可以免费旅游观光。学校教育成果显著，为高等学校输送了100多名大学生，考上大学的学生还得到企业家的爱心奖励。建立了餐饮中心和老年人日间照料中心，为村民红白喜事提供方便，解决了高龄老年人的生活困难。

如今的高渠村成为全县率先致富步入小康的村庄，家家户户不愁吃，不愁穿，五谷杂粮成为保健养生的稀罕食物；包子、饺子、炒面、臊子面过去逢年过节才能吃到，而现在成了家常便饭；鸡、鸭、牛、羊肉、鱼、大虾等山珍海味成为过节、待客的必备之物；麻花、饼子也不再是稀罕的食物，鸡蛋、牛奶也成了平常的营养补充。全村余粮户占总户数90%以上。

人们的消费观念也发生了很大的改变。在穿戴方面，男女老少衣服四季分明，随季节变化而变化。小孩讲究花样，男青年讲究品牌，女青年讲究时尚，老年人穿衣也要讲究色泽。过去人们羡慕的西装革履，现在在村里已是很平常的衣饰。赴宴、聚会、逢年过节，人们都穿上比平时更整齐的衣服才去参加。每年春节，至少提前1个月操办过年的衣服。进入腊月，家庭主妇赶集会，进商店，为家庭成员选择合适的衣服，只求称心如意。

村民在住房建设方面的投资也持续加大,一批批新宅大院建成,一座座小楼拔地而起,冰箱、冰柜、电视、空调、电暖、电磁炉、电脑等现代化电器设备基本普及。随着城镇化建设的加快,高渠村有100余户在县城买了房,有的还在北京、上海、海南等大城市买了别墅。交通、通信发展迅速,手机已普及,摩托车基本上代替了自行车,小汽车也进入寻常百姓家。

随着村民物质文化生活水平提高,旅游成为新时尚。游名城闹市,看名胜古迹,瞧奇山秀水,赏园林风光。高渠村60岁以上村民由支村委组织多次参加集体免费旅游,饱览祖国大好河山。

"姑射晴岚仙掌擎月,村依青山呈瑞霭;羲陵晚照文洞飞云,门通大道迎高朋"。腾飞的高渠令人振奋,"业兴财旺风云地,物阜民丰龙虎乡"。高渠村1995年被评为运城市小康示范村,也是全县首富村。如今年人均收入在3万元以上,达到"生产发展、生活富裕、乡风文明、村容整洁、管理民主"的小康村标准。

党的十八大以后,高渠村人民精神振奋,谋大事,干大业,为又好又快发展经济,创造和谐富裕的新高渠而不懈奋斗!

第十章　稷峰镇东街村

东街村历史悠久，人文厚重。革命战争年代，不少仁人志士舍生取义，前仆后继；新中国成立以来，东街人听党话，跟党走，爱党爱国，励精图治，奋发图强；改革开放特别是党的十八大以后，支村委扭住事业发展和民生改善两件大事，锐意进取，敢做善成，矢志社会主义新农村建设，村容村貌、民风民俗和人民的物质、精神文化生活都有了质的变化。走进新时代，东街人不忘初心、牢记使命，积极学习贯彻习近平新时代中国特色社会主义思想，砥砺前行，谱写了东街建设新篇章。

一、走进新时代，谱写党建工作新篇章

"领导我们事业的核心力量是中国共产党"，这是颠扑不破的真理。东街村党支部一班人，始终把农村党的建设放在工作的首位，党支部成员有理想，有信念，有能力，有作为，为民着想，办事公正，深得村民信赖，2010年以来从未换班歇岗。

走进新时代，支部班子以习近平新时代中国特色社会主义思想武装头脑，指导实践，推动工作。

在民生工程建设中，党支部成员以身作则走在前头。2007年建设文娱中心，共产党员、村委主任兰金贵带头捐资1万元。致富能手、党员裴建水及其弟裴建设各捐资1万元。党员裴志明、高家发、马保全各捐资5000元。党员们共捐资80000余元。党员做了表率,群众紧紧跟上,全村共捐款27万余元。

2008年,汶川大地震,同胞的困难牵动着东街村民的心。党员裴建水捐款2000元,30余名党员共缴交特殊党费3590元,村民们共捐资27110元,体现了东街村民的一片爱心。

在党建工作中,党支部坚持《党支部工作制度》《支村两委班子联席会议制度》《党员议事会制度》,坚持"三会一课",使党建工作制度化,党员教育规范化,党内生活经常化。在"七一"建党日、党员活动日、党课教育日均组织党员重温入党誓词,牢记党的使命,积极履行党员义务。在党建工作中,东街支部特别重视对优秀青年的培养教育,近几年来共发展新党员8名,壮大了组织力量,增强了组织活力。

党支部关心青年人的成长教育,也关怀老年人的生活。2008年10月,东街老年协会成立,党员裴因生担任协会会长,活动场所在村文化活动中心,中心内有书报、健身器材、体育器材,供老年人休闲娱乐。2018年又建起日间照料中心,使老有所养,老有所乐。近年来,每逢春节,村委会均筹款对70岁以上的老年人进行慰问,为他们送面粉,送麻花,送去党的关怀和祝福,并组织老年人先后到解州关帝庙、晋东南皇城相府、平遥古城、龙门石窟等地旅游,把党的温暖送到全体村民心中。

东街村是城中村,在县"四基地一名城"建设中,支村委积极配合全力支持。近年来陆续建设了稷王文化广场、稷王小学。开通了育英街、富强街、建设路、108国道、运稷一级路等。这些基本建设共占用了东街村土地300余亩，城市建设征用东街土地389亩，开拓大佛南路东街村共拆迁60多户，为此东街村党支部给村民做了大量的思想工作，保证了名城建设的顺利实施。

二、走进新时代，谱写为民工程新篇章

东街支村委的工作宗旨是：为东街办实事，让村民得实惠，使百姓更幸福。

富强苑小区建设

富强苑小区东西长265米，南北宽102米，既有村民住宅，又有商业开发。2007年开工，2008年竣工。建门面房115间，停车位、绿化美化、照明及休闲健身等配套设施齐全。第6居民组每两人分到1间门面房（价值20多万元），壮大了集体经济，增加了村民收入。

兴东小区建设

2009年，村委会以每亩地13万元的价格收回建南路第1居民组8200平方米土地，村委会筹资2250余万元，2011年5月动工，2013年5月全面竣工，建成建筑面积20000平方米的兴东小区住宅楼。有住宅楼房屋151套和车库110间。第1组村民1户1套单元楼，1间车库，全部按成本价分给村民。兴东一区的建设，使东街1组村民实现了城市梦，村民的居住品位上了一个新台阶。

商住大楼建设

2012年，由泽强房地产开发有限公司与东街第2、6

组村民协议,采取土地使用权置换房产的办法建设商住楼。2014年底基本完工,共建商住楼20000多平方米,2015年分配到村民户手中,目前大部分村民已住进单元楼。

街道硬化亮化

1989年,在时任党支部书记裴金锁、村委主任裴因生主持下,硬化了村主街道600余米,整修下水道,安装了路灯。1991年全村所有巷道砖铺硬化。1995年支村委再次水泥硬化大街600米。2006年,新一届党支部村委会做出"整治村容村貌,美化宜居环境"的规划。2008年,集体投资20余万元硬化了东大街东段300余米。2012年投资18万元硬化了西段250余米。2009年,集体投资15000元完成了村委大院及主街道两侧的绿化,投资50000元亮化了全村大街小巷,投资40000元安装了篮球架及20余套健身器材。2013年集体投资10万余元建设了村东头槐树井文化小广场一座,并配套健身器材。投资180余万元硬化了全村剩余的大街小巷,实现了街、巷道硬化全覆盖。投资20余万元重新亮化美化村两条主街道,建成"孝德"文化一条街。

通过一系列的基础设施建设和实现"三城联创"工程,东街村已驶入了经济社会发展的快车道。

三、走进新时代,谱写脱贫致富新篇章

党的十一届三中全会后,随着全党工作重心的转移,一切以经济建设为中心,农村形势发生了翻天覆地的变化,人们已不满足于解决温饱问题,掀起了一股经商办企业的热潮,走上了创业致富的道路。

在东街村众多企业中，赫赫有名的是郝记香油加工厂。该厂始建于1984年，是以传统制作工艺生产小磨香油的家庭作坊。经理是东街第3村民组的郝云发。"郝记"商标已入编中国知名商标图典，荣登《晋陕豫黄河金三角知名商标》。该企业建厂30多年，生产的香油系列产品远销省内外各大超市。2008年，郝记小磨香油传统制作工艺入选市首批非物质文化遗产名录。

东街人宁引娥创办的和泰商贸有限公司（和泰超市）、裴春雷创办的裴氏汽车装饰、陈智明创办的爱微国际婚纱摄影公司等，都是县城有名的品牌。

在东街村517户中，经商的有114户，开门店的106户，搞模板租赁的36户，搞运输的54户，搞装潢修理的30户，可以说，家家都有挣钱的门路。目前，157户住进单元楼，150余户有门面房，百分之九十以上家庭使用天然气取暖做饭，百分之百的家庭使用太阳能或浴霸，全村共有小汽车297辆，电动车、摩托车858辆，人们的衣食住行皆达小康。

四、走进新时代，谱写教育文化新篇章

中华人民共和国成立前，东关小学只有一名老师、20多名学生，校舍就是关帝庙里的几间破房。中华人民共和国成立后，党和国家把教育作为强国之本，狠抓教育事业的发展，东街村紧跟时代要求，建设一流名校，培养一代新人。

2002年和2010年东街村两次对旧校舍加以较大改造，投资300余万元建成两幢教学楼和实验室，古老的东街小学焕发了青春。学校先后被命名为"山西省示范小学""山西省书法示范校""稷山县标准化学校"。现有教学班24个,学生1095名,教职工59人。实验室、图书室、美术室、书法室、舞蹈室、电脑室一应俱全,并多次在省市县举办的征文、文艺展演、书法、绘画、演讲等比赛中获奖。

乘改革东风,1994年东街村村民李月英创办了商业幼儿园。目前已有20个教学班、700余名幼儿,教职工50余名。该园追求行政管理规范化,教育教学现代化,特色教育艺术化,取得显著成绩,是运城市社会力量办学先进单位,1999年荣获中共运城市委颁发的"文明单位"奖牌。

在文化建设方面,以兰金贵为班长的东街村支村委一班人,筹巨资于2007年在村委大院建起"东街文娱中心",其后又加盖了防雨大棚,为群众文化娱乐提供了场所。每年春节都有社火表演、戏剧演唱,为村民欢度春节增添喜悦。更值得一提的是,该村由40余人组成的排字花鼓队,两度获得全县花鼓比赛冠军。

全民健身也是东街支村委抓的一项重要活动。做健身操、打太极拳已成为东街村一道亮丽的风景。拳师马化隆饮誉全县乃至全市。他带领全村太极拳爱好者每天清晨活跃在村委文娱中心,为推广普及杨式太极拳和群众体育活动做出了突出贡献。村委还举办了5村篮球赛、全县摔跤赛,组织了太极扇表演赛、象棋友谊赛等,活跃了群众文体生活,有效提升了村民体质。

走进中国特色社会主义新时代,东街村全村干群更加焕发出前所未有的激情和活力。他们正以习近平新时代中国特色社会主义思想为指导,不忘初心、牢记使命,拼搏实干、砥砺前行,为实现东街村的宏伟目标而努力!相信东街村的明天更美好!

第五编　稷山革命老区新时代新征程

第一章　概　述

中国共产党第十八次全国代表大会提出了到 2020 年全面建成小康社会的宏伟目标，党的十九大又为实现"两个一百年"奋斗目标制定了时间表、路线图。中华民族伟大复兴的中国梦，即将在中国共产党的英明领导下，在全国各族人民的不懈奋斗中变为现实。

紧跟党中央的战略部署，中共稷山县委、县人民政府把决战"十三五"作为一项基础工程来抓：认真总结"十二五"时期发展成效，深入研判"十三五"面临的机遇和挑战，紧密结合稷山实际，广泛征求各方面意见，出台了《稷山县国民经济和社会发展第十三个五年计划纲要》。

《纲要》严格遵循"五位一体"总体布局和"四个全面"战略布局，坚持把发展经济作为第一要务，把改善民生作为第一目标，把搞好服务作为第一职责，对稷山"十三五"时期经济和社会发展的指导思想、发展原则、发展目标、具体措施都做了系统全面科学的设计谋划，成为县委、县政府团结和带领全县干部群众努力奋进、砥砺前行的行动纲领和行动指南。

要实现全面建成小康社会宏伟目标，脱贫攻坚无疑是一块难啃的硬骨头。为此，稷山县委、县政府又专门制定了《坚决打赢全县脱贫攻坚战实施方案》。《实施方案》目标明确、任务具体、措施得力，具有很强的指导性和可操作性，为脱贫攻坚有序开展、科学推进提供了强有力的制度保障。

我们坚信，在中共稷山县委的坚强领导下，随着《稷山县国民经济和社会发展第十三个五年计划纲要》和《脱贫攻坚实施方案》的落地实施，建设富裕、文明、幸福、和谐、美丽新稷山的愿景一定能够如期实现。

第二章 稷山老区"十三五"计划纲要

一、指导思想

高举中国特色社会主义伟大旗帜,全面贯彻党的十八大和十八届三中、四中、五中全会精神,深入贯彻落实习近平总书记系列重要讲话精神,遵循"五位一体"总体布局和"四个全面"战略布局,坚持发展第一要务,按照中央"五大发展"新理念和中共山西省委"一个指引、两手硬"新要求,深入实施"三动三新"发展战略,加快推进"四基地一名城"建设(全国板枣产业基地、省级新型煤化工产业基地、中西部包装印刷文化产业及新兴产业基地、区域医疗大健康产业基地、稷王文化名城),确保如期全面建成小康稷山。

二、发展原则

1. 坚持改革驱动,创新发展

进一步解放思想,全面深化改革,摆脱路径依赖和传统思维等束缚,把创新作为产业转型升级、社会进步的核心动力,把创新思维、创新方法、创新手段等贯穿于"十三五"时期经济和社会发展的方方面面,不断为理论创新、制度创新、科技创新、文化创新创造良好环境,激发全社会的创造活力。在新常态下,把发展基点放在创新上,不断打造新优势，形成新动力，取得新发展。

2. 坚持产城互动，协调发展

坚持城乡统筹，加快大县城、重点镇、中心村统筹联动，实现城乡一体化发展，提升整体竞争力。坚持以产兴城、以城促产，加快优质产业、先进生产要素和优秀人才聚集，推动城镇建设与产业结构优化有机组合，形成产业集聚、就业增加、人口转移、产城融合发展的新格局。加快发展信息经济、"互联网+"、先进制造技术，形成产业融合新业态，为经济社会发展提供动力支撑。

3. 坚持生态优先，绿色发展

加强生态文明建设，优化县域空间开发格局，加大生态环境保护力度，围绕循环经济发展理念，推动低碳循环发展，建设清洁、低碳、安全高效的产业发展体系，重点加强环境污染治理，全面提高生态文明建设水平，强化生态安全保障。

4. 坚持区域统筹，开放发展

充分发挥稷山县连接晋陕豫三省的交通优势和黄河金三角地区的区位优势，围绕国家"一带一路"、山西省国家资源型经济转型综合配套改革试验区和晋陕豫黄河金三角承接产业转移示范区等战略布局，不断丰富对外开放内涵，提高对外开放水平，协同推进与周边区域的战略互信、经贸合作、人文交流，努力形成深度融合的互利合作格局。

5. 坚持民生为本，共享发展

持续加大民生投入，重点促进低收入群体收入水平更快增长、明显改善；着力加强保障和改善民生，健全社会保障体系,办好就业、教育、文化、医疗、养老等惠民实事,促进经济社会和谐发展。

三、奋斗目标

按照党的十八届五中全会提出的全面建成小康社会目标要求,"十三五"期间,以推进"五大发展"、建设"四基地一名城"、实现全面小康为战略目标,确立稷山县未来5年经济社会发展的具体目标。

1. 经济规模稳步扩大

主动适应经济发展新常态,保持经济中高速增长。"十三五"期间,确保GDP年均增速7%左右,城镇居民人均可支配收入年均增速7%左右,农村居民可支配收入年均增速7.5%左右。

到"十三五"末,经济结构更加优化,产业优势更加突出,农业现代化水平明显提高,服务业比重进一步上升,城乡差距进一步缩小,4938名贫困人口全部脱贫。

2. 五大增长极影响力增强

"稷王文化名城"影响力不断提升。以大佛文化产业园建设为龙头,以千年板枣、千年大佛、千年古县、后稷农耕文化发祥地"三千一地"建设为抓手,以农耕文化、大佛文化、板枣文化、民俗文化、生肖非遗文化、三善养生文化"六大板块"为支撑,建立和完善规划科学、层次清晰、重点突出的历史文化名城保护和建设体系,深入挖掘和开发稷山特有的文化遗产,在城市建设和产业发展中更加凸显稷王农耕文化元素,使稷山成为黄河金三角区域独具特色、极具魅力的"古中国"农耕文化旅游目的地,成为华夏农耕文明研究、弘扬基地。

全国板枣产业基地建设初具规模。推进稷山枣业向规模化、基地化、标准化、产业化、品牌化、市场化方面发展，把稷山建设成为优质板枣绿色生态示范基地、良种苗木繁育基地、枣制品研发加工基地、板枣出口创汇基地、板枣文化观光基地"五位一体"的中国板枣产业聚集地，着力打造全国板枣种植及加工产业基地县。

省级新型煤化工产业基地建设初见成效。坚持创新发展、绿色发展、低碳发展理念，以发展先进制造技术作为工业转型升级的重要内容，改造提升传统产业，加快发展现代煤化工，做精做深煤焦化产品产业链，大力发展高端煤化工产品，走出一条具有山西特色的煤化工发展之路。

中西部包装印刷文化产业及新兴产业基地效益稳步提高。确立翟店在中西部和黄河金三角区域包装印刷产业带中的设计研发中心、检验检测中心、产品信息中心与生产基地的地位，加强与国内印刷纸包装产业的区域合作，逐步形成翟店印刷包装产业多层次多元化发展格局，产业综合效益明显提升。

区域医疗大健康产业基地核心竞争力逐步显现。依托稷山县特色医院、医疗、护理、中医药等资源，构建覆盖全生命周期，内涵丰富、结构合理的养老养生、健康管理、体育健身大健康服务业。鼓励社会力量积极投资参与文化、保健、旅游等健康服务产业的发展，全县医药卫生大健康产业体系核心竞争力凸显。

3. 城乡协同发展稳步推进

坚持城乡统筹，加快中心城区、重点镇、中心村统筹联动，实现城乡一体化发展，提升整体竞争力。以公用设施、供水供气、集中供热、城市道路改造、城市绿化为重点的基础设施更加完善，就业、教育、社会保障、医疗、住房等公共服务体系更加健全，基本公共服务均等化水平显著提高。人民民主不断扩大，法治政府基本建成，司法体制改革基本到位。服务型政府建设成效显著，政府公信力和行政效率进一步提高。民主法制更加健全，社会治理能力和水平不断提高，社会更加和谐稳定。

4. 生态文明建设成效显著

坚持"河堤山头森林化；街道、公路林荫化；企业、单位花园化；乡（镇）、村落园林化"标准，继续加大沿高等级公路、沿山坡地带、沿汾河湿地造林力度。促进主体功能区布局基本形成，资源循环利用体系初步建立，生产方式和生活方式绿色低碳化水平显著提高。能耗和水资源消耗、建设用地、碳排放总量得到有效控制，主要污染物减排完成上级下达任务，大气、水、土壤污染治理取得新成效。生态环境持续改善，森林、草地覆盖率进一步提高，城市建成区绿化覆盖率明显提高，城乡人居环境明显改善。全县森林覆盖率每年提高1个百分点。

5. 民生改善取得新突破

着力加强保障和改善民生，健全社会保障体系，办好就业、教育、文化、医疗、养老等惠民实事，显著提升人民健康水平，努力实现城乡居民收入与 GDP 同步增长，缩小收入差距，实现人民共同富裕。

四、"十三五"规划主要指标

类别	指　标	2015年实际值	2020年目标值	年均增减（%）	属性
经济发展	地区生产总值（亿元）	71.4	—	7左右	预期性
	户籍人口城镇化率	37.5	39	0.79	预期性
	服务业增加值比重	45.7	—	—	预期性
教育科技	研发经费占GDP比重%	0.004	1.2	212.91	预期性
	每10万人口发明专利申请数（项）	4.86	8.57	12.01	预期性
	每万劳动力中研发人员数量（人）	3.18	4.94	9.21	预期性
	学前三年毛入学率（%）	97.4	99	0.33	预期性
	九年义务教育巩固率	98.7	99	0.20	约束性
	高中阶段毛入学率（%）	95.8	97	0.3	预期性
人民生活	全县人口总量（万人）	35.7	36.5	—	预期性
	全县人口自然增长率	4.73	6.5以内	—	约束性
	城镇登记失业率（%）	3	2.8以内	—	预期性
	城镇居民人均可支配收入（元）	22106	28000	7左右	预期性

第二章 稷山老区"十三五"计划纲要

人民生活	农民人均可支配收入（元）	9014	12000	7.5左右	预期性
	脱贫人口（人）	—	4938	—	约束性
	县公益文化设施达标率%	85	93	1.8	预期性
	农村自来水普及率（%）	90	95	1.1	预期性
	城镇职工养老保险参保率（%）	98.89	99	0.022	约束性
	新型农村养老保险参保率（%）	99.16	99.2	0.008	
	城镇居民养老保险参保率（%）	99.16	99.2	0.008	
	城镇职工医疗保险参保率（%）	98.7	99	0.061	
	城镇居民医疗保险参保率（%）	98.5	99	0.101	
	新型农村合作医疗参保率（%）	99.2	99.4	0.1	
	城镇新增就业人数（人）	4515	5500	4.0	预期性
	城镇安居工程建设（套）	1500	1750	3.1	约束性
安全	亿元地区生产总值安全事故死亡率（%）	—	完成市下达任务	—	约束性

181

环境优化	单位地区生产总值能源消耗降低率（%）	—	完成市下达任务	—	约束性
	单位工业增加值用水降低率（%）	—	完成市下达任务	—	约束性
	农业灌溉用水有效利用系数	0.58	0.6	0.7	预期性
	工业固体废弃物综合利用率（%）	76	76	—	预期性
	污水垃圾处理 生活污水集中处理率（%）	90	95	1.1	预期性
	污水垃圾处理 生活垃圾无害化处理率（%）	80	90	2.4	预期性
	主要污染物排放减少（%） 二氧化硫 SO_2	—	完成市下达任务	—	约束性
	主要污染物排放减少（%） 化学需氧量 COD	—	完成市下达任务	—	约束性
	主要污染物排放减少（%） 氮氧化物	—	完成市下达任务	—	约束性

第三章　战略任务和目标

第一节　以创新发展构筑产业发展新体系

一、推动科技创新

建立科技创新体制机制，围绕产业转型升级展开科技创新，形成政府投入为引导、企业和民间资金投入为主体的多元化科技创新投融资体系，搭建好"大众创业、万众创新"的发展平台。

二、实施"人才强县"战略

创新人才工作理念，建立人才引进、培养、激励机制。营造识才、爱才、敬才、用才的良好氛围，"十三五"期间，每年引进各类人才1000余人。

三、实施传统产业与新兴产业"双轮驱动"战略

1. 做优存量，夯实发展基础

坚持走煤炭资源综合利用发展路径，做强做大煤化工产业集群；坚持走内涵式发展路径，做优做强包装印刷产业集群；坚持走工业为农业转型发展服务路径，做强做大食品加工、饮料生产集群；坚持走地方传统手工艺特色发展路径，做强富民产业集群。

2. 着力培育新兴产业，拓展经济发展空间

工业化重点发展工程
新能源：国电投资集团山西新能源公司 50MW 太阳能地面光伏发电项目；国电投资集团河北公司山西分公司、北京财富立方投资有限公司 200MW 风光互补项目、300MW 风力发电项目；华明太阳能科技公司 10MW 光伏农业项目；路鑫国耀 2×12MW 生物质发电项目。
医药产业：天圣制药口服颗粒制剂生产线 GMP 项目；深药集团金银花饮料加工生产线项目；晋陕豫黄河金三角中药材交易中心建设项目。
新材料产业：年产 60 万平方米新型环保 PC 砖项目；年产 6 万吨岩棉板项目。
传统煤产业：阳煤泉稷"3052"项目、二期烯烃项目和 5 万 KW 热电联产项目；东方资源 4×300 立方米锰铁高炉续建项目；永东化工 60 万吨/年煤焦油深加工联产 32 万吨/年炭黑项目、10 万吨改制沥青、18MW 炭黑尾气发电续建项目；永祥焦化年产 130 万吨焦化二期项目；丰喜稷山分公司年产 15 万吨硫酸钾项目。
制造业：丰凯纺织项目；精细环保项目；传统印刷包装产业转型升级项目；青龙泵业节能泵改造项目；海通线材电表箱、配电柜生产线扩建项目；山西世纪龙盟新建日化生产线建设项目。
农副产品深加工产业：原味园食品 2000 吨冻干枣生产线项目；晋龙集团化峪 200 万只蛋鸡养殖建设项目；北京京香农鸡蛋深加工项目；康盛达食品项目。
传统手工艺工程：杨赵灯笼加工项目；坞堆金银器加工项目；清河金刚石刀具加工项目。

第三章 战略任务和目标

3. 加强产业载体建设,搭建工业经济转型发展新平台

优化产业布局,促进产业集聚发展。加快产业园区、产业基地建设,全力完善西社新型煤化工产业园区、翟店包装印刷文化产业园区以及高新技术创业园区 3 大园区建设,使之成为配套设施一流、管理服务一流、产业集聚一流的全省领先的产业承载园区。

四、积极发展现代农业

"十三五"期间,要按照因地制宜、突出优势、规模集约、特色发展的原则,重点在平川地区发展高效农业,在丘陵山区发展山上林下经济,在沟坡地区建设特色农业。要突出农产品"优、特、精、强"原则,"抓园区,兴产业;抓龙头,促转型;抓项目,大发展",强力推进现代特色农业。以优势主导产业"粮、枣、果、畜、蔬、药材"为重点,努力把稷山建成区域优势明显、产业特色突出、布局结构合理、资源配置科学、综合功能齐全的特色农业县。

现代农业培育发展工程

粮食增产：稷峰镇、蔡村乡 5000 亩粮食增产项目；农田水利设施提升建设项目；农田配套机械化建设项目；玉米淀粉深加工项目。

板枣产业：优质 50000 亩板枣产业核心区建设；0.3 万亩低产板枣林改造；100 亩良种板枣苗木繁育基地；1 万吨/年气调保鲜储藏库建设；枣品清洗、涂蜡、分级、分色、采后处理生产线建设；果脯、枣片、枣干、枣酒、枣醋、枣饮料等休闲食品加工。

蔬菜产业：李老庄村日光温室蔬菜生产基地；下费村大棚蔬菜生产基地；太阳乡农乐大葱生产基地；下费村白菜生产基地；小李村食用菌栽培基地。

果品产业：汾南东 2.9 万亩苹果、桃种植基地；汾南西 1 万亩苹果、桃种植基地；东蒲、西埝 3000 亩果桃示范园建设；清河、蔡村、化峪等果业服务中心建设；山楂产业化建设示范项目；核桃深加工系列产品产业化开发项目。

畜禽养殖业：太阳乡均和村、清河镇南辛庄村现代化蛋鸡养殖示范基地；太阳乡存栏 10 万只的标准化祖代种鸡场建设；蔡村乡、化峪镇、西社镇、清河镇建设 1 个 10 万头生猪、3 个 50000 头生猪、10 个 10000 头生猪标准化规模养殖小区；化峪镇、西社镇、翟店镇、清河镇各建 1 座年产 1 万吨鸡粪转化有机肥加工厂；太阳乡 1000 万只家禽和 20 万头生猪屠宰及配套 3000 吨冷库建设；蛋白粉、蛋黄粉、全蛋粉等蛋品生产线建设。

中药材产业：桐下、上廉村万亩速生槐米示范园建

第三章　战略任务和目标

> 设；太阳乡、清河镇、翟店镇黄芩、柴胡、瓜蒌、远志种植基地；山西峨眉岭中药材有限公司生态观光种植基地项目；槐米深加工项目。
>
> 市场建设：格富达农产品批发市场扩建；太阳乡特色农产品交易市场建设；贾峪畜禽交易中心建设；西社镇蔬菜批发市场建设；稷山果品集散市场群建设。
>
> 社会服务体系建设：农资供应服务体系建设；农业科技服务体系建设；农机化服务体系建设；农村金融、财政支持服务体系建设；农产品加工销售和质量检测体系建设；农业信息服务系统建设。
>
> 农产品质量安全检测体系建设：县级农产品质量安全检验检测中心（站）建设；乡（镇）、超市、批发市场质检机构建设；农产品质量安全检测信息系统建设。
>
> 土地流转与制度建设：县、乡、村三级土地流转服务机构建设；稷山县农村产权综合交易中心建设。
>
> 种植业良种体系建设：7个种子管理网点建设；农作物种植质量检验检测中心建设。

五、创新发展旅游产业

把握国内外旅游发展趋势，充分利用稷山县人文和自然资源优势，深度挖掘人文历史资源、特色自然资源，围绕千年板枣、千年大佛、千年古县、农耕文明发祥地"三千一地"，以发展文化旅游为主线，贯彻"慢生活"和"乐生活"两大休闲生活理念，将文化体验、休闲度假、自然观光等功能有机融合，将稷山县打造成为省内外有影响的文化旅游休闲胜地。到"十三五"末，建成一批年营业收入超千万元的旅游景区，实现年接待游客200万到300万人次，旅游综合收入超过 10 亿元，让旅游业成为稷山县的新兴支柱产业。

旅游产业培育发展工程
旅游景点开发：大佛文化产业园，汾河生态公园，万亩枣园旅游观光园，清河稷王休闲农业及传统村落景区，稷王农耕园景区，玉璧大战旧址景区，紫金山文化生态旅游景区，兴化寺、青龙寺历史文化及养生景区。 　　文化产业开发：金银器加工，螺钿漆器装饰，灯笼加工，高台花鼓。 　　旅游配套基础设施建设：休闲观光环城路、大佛寺至云丘山景区旅游公路、紫金山至吉河高速引线工程、清河七级温泉疗养区旅游公路、稷王山中华农耕园旅游公路；旅游信息公众平台建设；数字化景区建设；旅游产品开发。

六、以现代服务理念，推动第三产业快速发展

"十三五"期间，以增加就业、创业机会作为第三产业发展的主线。大力营造有利于服务业发展的政策和体制环境，增强服务业发展活力，优化县域经济结构。突出现代物流、金融服务、科技信息服务等生产性服务业的发展；推进旅游休闲、健康养老服务等生活性服务业拓展提升；发展新型消费业态，推进批发零售、住宿餐饮、家庭服务、市政服务、农村服务等传统服务业改造升级；推动稷山县煤化工、农产品加工、旅游等具有产业特色的电子商务平台建设。"十三五"末，服务业产出在三次产业中的比重逐年提高 1 至 2 个百分点。

第三章 战略任务和目标

> **现代服务业壮大工程**
>
> 商贸：综合购物中心建设；万汇世纪广场项目；综合商业街建设。
>
> 居民服务业："十分钟便民商圈"建设；社区蔬菜直销店建设；乐村淘农村体验店建设。
>
> 健康产业：康宁护理院建设，护理养老床位达到1000张；社区老年护理院建设，护理养老床位达到1000张；骨髓炎医院健康养老服务中心建设，护理养老床位达到800张。

第二节 以协调发展引领城乡建设

落实协调发展理念，坚持走新型城镇化道路，加快构建新型城乡关系。坚持以人为本，坚持以工业集群化、集群园区化、园区社区化、社区城镇化、土地规模化、城乡生态化为路径，统筹推进大县城、小城镇、新农村三位一体协调发展，争取经过5年努力，把稷山建成城镇功能完善、产业空间拓展、土地集约利用、生态环境美丽、地域文化突出、居民安居乐业的文化名城。

一、推进城镇化转型发展

以构建县域城镇体系为着力点，以加快人口城镇化进程为主攻方向，推进城乡一体化，使城乡居民平等参与现代化进程、共创共享改革发展成果。到"十三五"末，综合城镇化水平达到45%。

县城提质升级工程
旧城改造：康复街医疗服务综合体建设工程；稷王庙文化旅游服务综合体建设工程。 城市交通：环城路建设工程；稷城路道路建设工程；稷南大街东延道路建设工程（108国道东延）；稷圣路南延道路建设工程；体育路南延道路建设工程；富强街西延道路建设工程；建设路北延拓通工程；振兴路北延拓通工程；人民西路建设工程；城南街翻修改造工程；防洪路建设工程；富强街东延建设工程。 城市美化亮化：城市污水处理配套设施建设工程；城市垃圾收运系统配套建设工程。 城市公共设施：跨侯西铁路道路箱涵改造工程；公共停车场建设工程；城市公交系统设施配套完善工程；电动公交车及公共自行车配套工程；城市交通信号灯控制系统配套完善工程。 城市生态园林建设：城东、城西人工水系建设工程；城南汾河自然水系建设工程；富强街水系绿地建设工程；丰乐游园建设工程；惠康游园建设工程；稷圣园建设工程；颐寿园建设工程；站前广场建设工程；复兴园建设工程；稷城路防护绿地建设工程；稷峰东街防护绿地建设工程；人民东路防护绿地建设工程。

二、建设美丽乡村

按照城乡空间布局、产业发展、基础设施建设、公共服务和社会管理等各方面要求，全面实施农村安居富民工程，建设村庄整洁、庭院干净、住房宽敞、居住环境优美、

第三章 战略任务和目标

基础设施完善、功能齐全的生态文明新农村。

农村人居环境改善工程

古村落保护：清河镇北阳城村和西社镇马趵泉村古村落保护建设。

美丽乡村建设：确定了加庄村等7个美丽乡村建设项目。

移民村搬迁：稷峰镇吴家窑（自然村）、孙家窑（自然村）搬迁；翟店镇东大有、峨嵋、南吴坡村搬迁；化峪镇四合庄村搬迁；西社镇马家沟、薛家庄、杨家庄搬迁；太阳乡石佛沟、刘家坪、长岭、上王尹村搬迁。

农村基本教育：新建、改建农村幼儿园25所。

三、提升内外交通承载能力

按照"政府主导、分级负责、科学规划、因地制宜、建养并重、协调发展"原则，继续加快"5纵9横7循环"的县域主路网建设，逐步完善城市道路交通体系。到"十三五"末，稷山县农村公路基本实现有条件的县道达二级以上，乡道达三级以上，村道达四级以上。

通达能力提升工程

高速连接线工程：完成吉河高速公路河津北出口—西社连接线工程项目，全长33公里，其中稷西线17公里，管化线16公里。

省道S233改造工程：省道S233西社段改造工程。

> 县道改造：到"十三五"末，对有条件的县道实施三级提升二级改造；按照公路建设年限分批对2010年以前修建的县道翻修改造46公里。
>
> 乡村道改造：到"十三五"末，按照"七个乡（镇）循环"的规划及公路建设年限逐步对2010年以前修建的乡村道路进行翻修改造210公里。
>
> 养护工程：完成35公里县道大中修养护工程。
>
> 桥梁改造：下费战备钢桥加长工程；汾河大桥加固工程。
>
> 安保工程：完善286公里农村公路安保工程。

四、强化水利、电力供应保障

加强水利、供水、电力等基础设施建设，为经济社会发展提供基础支撑和保障。

能源保障工程

> 电力保障：新建110kV枣园变电站；扩建110kV上费变电站；扩建110kV佛东变电站；新建35kV南位变电站；扩建35kV秦家庄变电站；35kV管村变电站增容改造；改造35kV导线细（老化）线路。
>
> 水利设施保障：西范东扩工程；禹门口提水东扩工程；新增日处理2万立方米的净水厂工程项目；桐上1万立方米配水厂工程项目；佛东1万立方米配水厂工程项目；化峪泄洪道整治工程。
>
> 安全饮水工程：继续实施农村安全饮水"提质增效"工程；改造饮水工程45处。

第三章 战略任务和目标

五、加快信息化基础设施建设

以电子政务、电子商务为突破口,促进信息技术在经济社会各领域的广泛应用,加快稷山信息化进程,提升信息化应用效能。到"十三五"末,力争全县无线网络覆盖率达到40%以上,有线网络用户接入率达到60%。

六、以绿色发展为引领,建设宜居稷山、生态稷山

坚持绿色发展、绿色惠民,大力发展绿色低碳产业,加快形成绿色发展方式和生活方式,促进人与自然和谐相处,努力建设天蓝水碧、空气清新、绿树成荫的宜居稷山、生态稷山。

1. 资源能源节约利用

坚持资源开发与节约并重、节约优先的原则,以降低资源消耗和提高资源利用效率为核心,大力推进节能、节地、节水、节材,建立健全节约资源的体制机制,通过政府引导、市场调节、公众参与,全面推进资源节约。

(1)**加强节能减排。** 遵循低碳发展和清洁能源体系的建设要求,积极创建低碳示范企业;在三大工业园区积极构建能源体系利用和能源共享工程,建设低碳园区;推广先进节能技术和产品;严格执行民用建筑的节能强制标准,推广绿色建筑和建筑节能材料;加快推进绿色市政建设,创造低碳出行条件;有序推广风能、太阳能、沼气等新能源和可再生能源的规模应用,全面完成节能减排目标任务。

(2)**加强资源节约。** 加强土地集约利用。一是不断推进基本农田的规模化、标准化、集约化建设,通过高标准基本农田建设,使耕地质量不断提高,保障地区粮食安全。到"十三五"末,耕地保有量38399.07公顷,基本农田保护面积29750公顷;二是科学控制建设用地,到"十三五"末,全县建设用地总规模控制在10017.6公顷以内;三是加强村地征用和管理,到"十三五"末,全县耕地面积达到8495.35公顷。

节约水资源。实施严格的水资源管理制度,大力发展节水型工业,提高水的重复利用率,加快高水耗企业的节水改造。大力推广农业节水灌溉技术,硬化灌溉渠系,有效降低生产生活中的水资源消耗。

节约材料使用。鼓励引导企业开展设备和工艺更新,降低产品消耗。推广节约材料的新型建筑结构体系和新型墙材。

(3)**加强资源综合利用。** 加快提高资源综合利用水平,倡导绿色消费,杜绝过度包装,推进无纸化办公,减少一次性商品使用。完善资源回收体系。积极推广秸秆气化工程和生活垃圾再生利用技术,大力推进工业"三废"、建筑废弃物、生活垃圾、农村秸秆等资源的回收利用。完善环保设施,开发环保设备,为资源高效利用、循环利用和减少废物排放提供技术保障。

2. 生态保护和建设

(1)**继续推进森林县城建设。**紧紧依托国家天保工程、三北工程和退耕还林工程,每年荒山造林面积不少于5000亩,逐年提高稷山县的森林覆盖率,从而有效改善稷山县的生态环境。

第三章　战略任务和目标

（2）**加强生态综合治理区建设**。采取封育、退耕、种树（草）、禁牧 4 项措施，已垦草原恢复与建设项目相结合。以退耕、禁牧为切入点，大力实施退耕还林、封山育林、小流域治理工程。按照谁开发谁保护、谁受益谁补偿的原则，建立生态补偿机制，从事后治理向事前保护转变，从人工建设为主向自然恢复为主转变。

（3）**加强生态恢复治理区建设**。按照适地适树原则，全面加强农田林网建设，实施造林绿化工程，建设农田保护林和道路绿化带。以严格控制乱开滥垦为重点，切实保护耕地、林地、草地，促进生态修复。

（4）**大力推进生态水系建设**。在实施好水利工程的基础上，按照"五园"（生态之园、文化之园、宜居之园、创业之园、旅游之园）标准，全面完成汾河公园建设。同时加快城东、城西水系建设，为稷山县城增加水的灵秀。

（5）**加大村庄绿化力度**。把园林村建设作为造林绿化工作的一项重点，强力推进。在"十三五"期间，高标准打造一批园林村庄，每年不少于 20 个村，切实改善农村的人居环境。

（6）**建设生态型工业园区**。坚持走新型工业化道路。严格控制有污染的工业项目入驻园区。凡新建、改建、扩建的项目都必须执行环保法规、产业政策和发展规划，依法实行评估，做到环境保护、污染治理设施与主体工程同时设计、同时施工、同时投入，推动制造业增长方式从高消耗高污染型向资源节约型和生态环保型转变。发展服务性环保产业，建立环保技术服务体系，加强环保信息网络化建设，实现环保产业的跨越化发展。

（7）合理开发利用资源。对耕地、林地、草地综合规划，节约利用。合理利用农用地，保护耕地资源；节约利用非农业用地，严格划定工业、城镇、绿化用地，分类规划，用途不变，节约利用。坚决保护森林资源，严厉打击破坏林地、湿地的违法行为，严禁未批先占。

重点生态建设工程
城乡生态创建：汾河流域生态修复汾河干流稷山城区段综合治理工程；乡村清洁工程；生态县创建工程。
水生态建设：重点饮用水源保护治理工程；稷山水环境治理工程。
土壤修复：矿区污染土壤治理修复工程；稷山重金属污染地区土壤修复工程。
森林植被：退耕还林工程；公益林扩建工程；森林防火体系建设工程。

3. 发展绿色低碳经济

大力发展绿色经济，培育以低碳发展为方向，以节能减排为路径，把提高能效、降低碳强度和调整能源结构纳入生态文明建设行动纲领，从严控制产能过剩和低水平重复建设项目，严格环境准入、环境监管和环境执法，大力推进污染减排工作，实现节约资源和保护环境。

加大天然气使用推广力度，加快天然气进农村进程，大力推广沼气技术、秸秆气化和沼肥综合利用，有序推进太阳能、水能、风能等清洁能源的综合开发利用，加快能源消费结构调整，在生产、生活领域积极推广清洁能源的综合利用，最大限度地减少煤炭、石油等化石燃料的使用，最大限度地降低能源消费强度和碳排放强度。

第三章 战略任务和目标

按照发展循环经济的原则发展低碳农业,降低农业生产成本,减轻农民负担,增加农民收入,有效治理农业面源污染,保护农业生态环境,增强土壤的固碳能力,大大减少温室气体排放。加快转变经济发展方式,积极推动绿色发展。实施有利于绿色发展的政策措施,形成经济社会与资源环境相互协调的良性运行机制,坚持绿色引进,发展循环经济,实施清洁生产,加强绿色管理,做到"三低三高"(低资源消耗、低环境污染、低温室气体排放,高技术附加、高经济效益、高资源利用率),推动企业向生产清洁化方向发展。鼓励企业将绿色低碳经济理念贯彻到生产的各个环节,实现能源资源循环综合利用,促进企业间、产业间合作共赢、资源共享、产业互补,再生资源充分利用。强调全过程和源头削减,降低污染物排放总量。进一步加强产业和产品结构调整力度,淘汰落后工艺,不断提高环境管理水平和污染防治水平。引导企业大力开发绿色技术,生产绿色产品,发展绿色经济,最大限度地实现资源的持续利用和生态环境的持续改善,促进经济社会可持续发展。

4. 加强城乡环境保护建设

围绕全面提高城乡生态环境质量的目标,统筹城乡环境保护;围绕重点区域、重点领域,大力推进存量污染物治理,严控污染物增量,确保主要环境和污染物排放指标提前小康达标,为完成全面小康环境指标奠定坚实基础。

(1)大力推进工业污染防治。严格执行环境保护法律法规和国家产业政策,大力推广清洁生产工艺和设备,按辖区环境功能区划和环境容量、生态环境现状合理规划新建项目选址，严格控制新建项目污染物排放量，严格实施污染物排放总量控制，抓好重点工业企业的污染防治，严格实施污染限期整治，做到"增产不增污或增产减污"。

（2）全面强化城镇污染治理。以县城为主体，严格保护生活饮用水源地生态环境，积极推进城镇水污染治理、污泥处置、大气污染治理、生活垃圾无害化处置等，严控城镇污染源，建立 SO_2 控制区、烟控区、噪控区，完善城镇生活垃圾和污水处理配套设施。到"十三五"末，县城三控区域覆盖率达到 100%，城镇生活垃圾处置率达到 90%，生活污水处理率达到 95%，空气质量达标率达到 95%，地表水质达标率 100%。

（3）积极推进农村面源污染防治。积极推进农村饮用水源保护工程，加强对使用化肥、农药的调控和引导，积极防治土壤污染，推广秸秆还田、秸秆气化等综合利用措施，大力发展沼气、节能灶等新型节能技术，通过综合施策，有效遏制农村污染。到"十三五"末，确保全县农村饮用水源地的水质达标 90% 以上，农业污染综合治理率达到 90%，农业废弃物资源化综合利用率达到 97%，大型养殖场粪便污染综合治理率达到 97% 以上，规模化猪场粪便污染全部实现综合治理。

（4）大力推进"四城同创"

深入开展创建文明城市、卫生城市、园林城市、食品安全城市活动。抓好城市绿化、亮化、净化、美化，提升城市整体形象。切实加强食品安全工作，强化监管手段，形成覆盖从田间到餐桌全过程的监管制度。弘扬传统优秀文化，树立道德先进典型，强化市民文明素质。加快形成

第三章 战略任务和目标

"四城同创"长效机制。

城乡整治工程环保
主要污染治理：稷山县污染综合治理工程。
环保基础设施：稷山县污泥处理处置中心建设；西社工业园区污水处理厂建设；翟店工业园区污水处理厂建设；乡（镇）垃圾无害化处理场建设；乡（镇）污水处理厂及管网配套建设；乡（镇）垃圾中转站建设。
环保能力提升：环保系统检查监测能力建设；乡（镇）环卫资源处理中心。

四、以开放发展为引领，深入改革，扩大开放

改革开放是加快转变经济发展方式的强大动力，坚持社会主义市场经济的改革方向，深化行政管理体制和经济体制改革，稳妥推进社会事业改革，形成更具活力的发展环境。

1. 深入推进行政管理体制改革

遵循精简、统一、效能的改革方向，形成行为规范、运转协调、公正透明、廉洁高效的行政管理体制，努力构建优良经济社会环境和维护人民群众根本利益的责任政府、法治政府与服务政府。

2. 深化经济体制改革

全面推进农村综合改革，重点探索现代农业发展新机制。大力发展公有制经济，增强公有制经济活力，进一步消除制约非公有制经济发展的体制性障碍。完善现代市场体系，深化财政、税制体制等改革，建立有利于市场在资源配置中起决定性作用的体制机制。

3. 推动社会事业改革

着眼于人民群众最关心、最直接、最现实的利益问题，完善覆盖城乡的社会保障体系，深化教育、医疗、文化等改革，推进社会事业改革创新。

4. 推进投融资体制改革

建立完善新型城镇化建设投融资体制，将市场竞争机制引入城市资源的开发和利用过程中，充分利用市场机制来配置城市资源，使城市资源的开发效率达到最大最优。按照"政府主导、产业化发展、市场化运作、企业化经营、法制化管理"的要求，利用城市建筑实体经营权等有形资产和文化、广告等无形资产进行融资；推进市政公共产品价格改革，吸引社会资本投资，放宽准入，完善监管，制定企业通过PPP等模式进入特许经营领域的办法，鼓励社会资本参与城市公用设施投资建设和经营；将城市维护建设税、城镇公用事业附加税、城市基础设施配套费等收入全部用于城镇基础设施建设。根据城镇经济发展水平适度负债建设，创新城市管理手段，完善信用信息体系建设，促进城市管理人文化、科学化、智能化，提升城市日常管理水平。

5. 突出合作共赢，推进开放发展

坚持把扩大开放作为加快县域经济发展最有力的突破口，通过"走出去、引进来、建平台"，努力构建稷山更高水平、更高层次、更宽领域的开放发展新格局。

五、以共享发展为引领，着力保障和改善民生

按照人人参与、人人尽力、人人享有的要求，坚守底

第三章 战略任务和目标

线,突出重点,完善制度,引导预期,扎实做好民生工作。合理统筹城乡基本公共服务资源,推进城乡基础设施、教育卫生、文化娱乐、电视通信、社会保障等公共服务和管理一体化,推进城镇和农村基本公共服务并轨,让全县人民共同迈进全面小康社会。

1. 千方百计增加就业

为实现稷山县全面建成小康社会的终极目标,应把扩大城乡就业作为提高人民收入和改善民生的着力点,实施更加积极的就业政策,加大财税、金融、产业等政策促进就业和创业的力度,千方百计扩大就业,统筹解决城乡就业等问题。一要完善就业促进体系;二要健全公共就业服务体系;三要健全就业援助制度。

2. 努力发展社会事业

(1) **坚持优先发展教育事业。**切实落实教育优先发展战略,坚持把"育人"作为教育的根本点,把改革创新作为教育发展的内动力,把促进教育公平作为最基本的教育政策,把提高质量作为教育发展的核心任务。进一步完善教育体系,促进教育均衡发展。

(2) **繁荣城乡文化产业事业。**推动文化市场健康发展,建成覆盖城乡、惠及全民的公共文化服务体系,建设以生肖研究中心、文化活动中心、图书馆为主的文化核心区,丰富人民群众文化生活。加快文化产业发展,培育一批有实力、有竞争力的骨干文化企业。融合县内文化资源,打造"一轴两带三圈"稷山文化名城,打造"三千一地"古中国华夏农耕文化旅游体验地。

(3) **提升医疗卫生服务能力。**大幅提升城西医疗服务综合区技术水平和服务能力,加快建设城东健康医疗产业城,全面提升乡村两级医疗卫生机构的标准化建设。到"十三五"末,建成具有鲜明稷山特色和技术优势明显领先的区域性医疗卫生服务中心;发展大医疗卫生专业技术队伍,形成合理梯次结构,努力引进高层次的学科带头人,争取医疗卫生健康服务产业从业人员达到5000人以上;巩固"全国农村中医药先进单位"成果,不断发扬光大特色中医诊疗技术,努力建成山西省中医药培训基地;鼓励社会资本参与健康体验中心、高端体检中心、生态养生中心、心理咨询中心等新兴医疗卫生健康产业。

(4)强化科技支撑能力。以科技创新和发展高新技术产业为重点,以市场为导向,主动改进科技奖励办法,全面促进科技创新,建立和完善适应科技自身发展规律的新型科技体制和运行机制,为全县经济转型和高新技术产业发展提供强有力的科技支撑。

到"十三五"末,力争全县高新技术企业达到5家,高新技术产业销售额占规模以上企业比例达20%以上;专利拥有量达每10万人30件以上,其中发明专利达30%;在西社煤化工产业园区、高新技术创业园区及翟店印刷包装产业园区培养科技创新人才50名,建立科技研究中心5个;全县开展各类技术培训、专题讲座、受训人员达10万人以上,科技普及率达90%以上。

3. 加快完善社会保障体系

(1)推进社会保险全覆盖工程。坚持"全覆盖、保基本、多层次、可持续"的方针,以增加公平性、适应流动性、保证可持续性为重点,确保各项社会保险待遇按规

第三章 战略任务和目标

定支付,加快完善覆盖城乡、人人享有、保障更好的社会保障体系;大力实施"全民参保登记计划",加快推进各项社会保险人员全覆盖。到"十三五"末,全县城镇居民基本养老保险、基本医疗保险覆盖率达98%以上,城乡居民养老保险金按时足额发放率100%。

(2)完善社会救助体系,健全养老服务体系。实现全县城乡居民最低生活标准和"三无"人员供养标准统一;加强孤、老、残、幼等社会福利事业发展;进一步规范完善城乡医疗救助制度,确保城乡低保户、五保户和特殊困难群众能够得到及时有效的医疗救助;完善灾害应急救助体系,建立健全临时救助制度。

建立以居家养老为基础、社区服务为依托、机构养老为补充的养老服务体系,完善养老服务设施;力争实现"老有所养、老有所医、老有所教、老有所学、老有所乐、老有所为"的"六有"目标。

(3)支持残疾人事业,健全扶残助残服务体系。坚持政府主导与社会参与相结合,重点保障与特殊扶助相结合,一般性制度安排与专项制度安排相结合,解决当前突出问题与完善制度体系相结合;坚持分类指导,促进城乡区域均衡发展;坚持资源共享,充分依靠现有公共服务体系和社会保障制度为残疾人服务。"十三五"期间,继续加强残疾人社会保障和服务政策理论研究,建立健全法律法规和基本制度,建起残疾人"两个体系"基本框架,建设高标准的残疾人托养中心,使残疾人基本生活、医疗、康复、教育、就业等基本需求得到制度性保障,生活状况进一步改善。

（4）保障弱势群体权益。 进一步健全完善弱势群体利益诉求表达机制和回应机制，建立健全法律服务和法律援助体系，依法维护老年人、妇女、儿童、残疾人、低收入者等弱势群体的合法权益，改善弱势群体生存和发展的社会环境；依法保障妇女平等获得教育、就业和参与社会事务管理的权利，依法保障儿童和青少年的生存权、发展权、受保护权和参与权；加强文化市场、信息网络和学校周边环境的监管，为青少年的健康成长营造良好社会氛围；强化政府责任，动员社会力量支持，建立健全解决留守儿童问题的工作机制，促进留守儿童健康成长。

4. 加强人口和计划生育工作

正确处理人口控制与可持续发展关系，严格执行现行生育政策，不断提高人口素质。"十三五"期间，全县人口出生率控制在12‰以内，人口自然增长率控制在6.5‰以内，出生人口符合政策生育率达到95%以上。到"十三五"末，全县总人口控制在36.5万左右。

规范开展计划生育优质服务，继续实施免费生殖健康普查项目。加大出生缺陷综合防治力度，落实婚前医学检查、免费孕前优生健康检查和计划生育免费技术服务，做好病残儿和手术并发症鉴定及两孩再生育妇幼健康服务工作。加强计划生育避孕药具服务管理。

坚持把人口问题纳入社会公共管理体系，建立有效避免和化解人口安全危机的政府决策机制，以科学的发展观统揽人口计生工作，使人口计生事业发展走上健康有序的轨道。

第三章　战略任务和目标

5. 加快其他公共事业发展

（1）**加快气象现代化建设**。不断提高气象工作的监测、预测、预警服务水平，重点抓好农业气象和生态气候的监测预报工作，努力提高气象防灾减灾能力。

（2）**完善档案服务设施**。加强档案行政监管，加快档案信息化建设，提高档案执政服务和公共服务水平；结合统计方法制度改革，积极探索合适的组织模式和调查方式，全力做好2016年第三次全国农业普查、2018年第四次全国经济普查、2020年第七次全国人口普查等大型普查、调查工作。

（3）**加强宗教事务管理**。贯彻落实《宗教事务条例》，依法加强宗教事务管理，维护宗教团体的合法利益；保护台商和港澳同胞、归侨侨眷的合法权益。

深入开展"双拥"活动，支持人民武装建设，做好"双拥"、优抚安置和人防工作；积极发挥工会、共青团、妇联等群众组织的桥梁纽带作用；继续做好外事、语言文字及史志年鉴的编撰等各项工作。

> **社会民生重点工程**
>
> 教育科技：西社工业园区2轨制移民小学建设工程；建设路小学建设工程；涧东初中学校建设工程；育英中学扩建工程；特殊教育学校建设工程。
>
> 医疗卫生：稷山县人民医院内科综合大楼建设；稷山县妇幼保健院综合楼建设；城东健康医疗产业城建设；运城肿瘤医院建设；卫生监督所建设；益民眼科医院建设。
>
> 文化体育：文化体育活动中心建设工程。
>
> 社会保障：稷山县公共实训基地建设；平陇村拘留所、看守所改建工程；翟店镇、西社镇、化峪镇3个派出所改建工程；8个社区戒毒社区康复工作办公室建设；西社园区和翟店园区消防站建设工程；太阳乡敬老院建设；30个社区日间照料中心（托老所）建设。

六、全面依法治县，开创和谐发展新局面

全面推进依法治国是"十三五"时期的重要任务。按照中央全面依法治国的统一部署，全力推进稷山县依法治县工作，深入推进依法行政、依法用权、公正司法、强化监督，充分运用法治思维和法治方式，规范社会行为，调节利益关系，协调社会关系，解决社会问题，化解社会矛盾，促进社会健康有序、和谐稳定。

1. 加快推进法治稷山建设

以平安稷山建设为目标，以法治为引领，完善党委领导、政府主导、社会协同、公众参与、法治保障的社会治理体制，加快公安业务技术用房和法院审判法庭建设，构

第三章　战略任务和目标

建全民共建共享的社会治理格局。

维护宪法法律权威，加快法治政府建设，规范和完善行政决策机制，深化行政执法体制改革，深入推进执法规范化建设，强化对行政权力的监督制约，落实政务公开运行机制。深入推进司法体制改革，确保审判权、检察权依法独立公正行使；强化司法活动监督制约机制，保障人民群众参与司法，加强人权司法保障。深入开展法治宣传教育，建设完备的公共法律服务体系，健全依法维权和化解纠纷机制，提高平安稷山法治化水平。加强法治专门队伍建设和法律服务队伍建设。不断提高政法工作的保障能力，强化执行监督，确保司法公正。增强公职人员遵法学法守法用法观念，提高法治思维、依法行政、依法治理能力。

2. 加强社会治安防控体系建设

社会治安防控体系要围绕全县工作大局，牢牢把握平安稷山、法治稷山建设的总要求，以提高动态化、信息化条件下驾驭社会治安局势能力和水平为核心，以提升人民群众安全感和满意度为目标，以解决突出治安问题为导向，以信息化为引领，以基础建设为支撑，坚持系统治理、依法治理、综合治理、源头治理，创新完善点线面结合、网上网下结合、人防物防技防结合、打防管控结合的立体化社会治安防控体系。到"十三五"末，在全县形成党委领导、政府主导、综治协调、部门联动、社会力量参与的社会治安防控格局，织密"六张防控网"，建立健全"六项机制"，做实做强"六个基础"。

六张防控网是：城区治安防控网、村（社区）治安防控网、单位内部和重点行业治安防控网、区域治安防控协作网、社会治安视频监控网、信息网络防控网。

六项机制是：社会治安信息资源互通共享机制；社会治安形势分析研判机制；多元化矛盾纠纷化解机制。全面加强社会治安综合治理，为建设富裕文明和谐的现代化稷山创造良好的社会治安环境。

六个基础是：基层组织建设、基础制度建设、基础平安建设、基础信息化建设、基础力量建设、基础性管理工作建设。

3. 健全公共安全保障体系

牢固树立安全发展理念，健全以社会治安、食药安全、应急防灾等为主的公共安全保障体系建设，加强社会治安综合治理，深入实施"六六创安"工程，不断创新立体化社会治安防控新机制。

（1）**加强安全生产管理**。强化安全生产"红线意识"和"底线思维"，加强安全生产宣传教育培训，强化安全监管人才和队伍建设，大力推进互联网+信息化、网格化监管体系建设，构建安全生产长效机制。

（2）**强化食品药品安全管理**。以创建"食品安全县"为契机，继续把食品药品安全摆在突出位置，构建企业自律、政府监管、社会协同、公众参与、法治保障的食品药品安全社会共治体系，发挥多元主体作用，落实各方责任，切实加强质量安全监管，加快食品药品技术支撑体系建设和能力建设，着力解决食品安全监管中存在的困难和问题，保障人民群众饮食、用药安全。

（3）**健全公共安全应急体系**。建立涵盖自然灾害、事故灾难、突发性公共卫生和安全事件等多层面的防灾减灾、避灾知识教育，进一步完善各项应急预案，健全应急联运机制，推进应急管理规范化，提高对突发性事件的预警和处置能力。

4. 提升基层社会服务管理功能

（1）实施基层社会服务管理体系建设提升工程。推进社会治理系统化、综合化、现代化，提升基层社会服务管理水平。

（2）建立完善全县实有人口信息采集动态管理体系。逐步融合人口计生、人社、住建、民政、教育、交通、工商、税务、统计等部门和金融系统等相关信息资源。

5. 完善社会矛盾预防化解机制

（1）全面实施"矛盾纠纷大调解工作提升工程"。围绕服务全县转型跨越发展大局，整合调解资源，建立和完善以人民调解为基础，人民调解、行政调解、司法调解和社会调解衔接联动的大调解工作体系。

（2）**加强特殊人群服务管理**。对刑满释放人员，实施"安置帮教基地建设巩固提升工程"；对符合社区矫正人员，健全完善司法行政机关组织实施的矫正机构，防止失控危害社会；对吸毒人员，建立完善自愿戒毒、社区戒毒、强制隔离戒毒和戒毒康复、药物维持治疗相互衔接的工作机制，推动戒毒工作长效开展；对易肇事、肇祸精神障碍患者，完善卫生部门及公安机关信息库，建立分类管控、协作联运机制。推进安康医院和专科医院建设，加强重性精神障碍患者集中收治制度；建立艾滋病患者违法犯罪人员关押场所；落实未成年人轻罪记录封存消灭等制度，重点加强社会闲散青少年服务管理体系建设，切实解决服刑在教人员子女、不良行为或严重不良行为青少年、流浪未成年人、留守儿童就学、就业、生活等方面的困难，促其健康成长。

6. 加强非公有制经济组织、社会组织管理

（1）**搭建培育发展平台**。试行民办非企业单位直接登记制度，开展社会组织等级评估工作，不断完善登记备案、培育管理、示范创建、财税优惠等政策制度体系。完善非公有制经济代表人士综合评价体系，开展"企业法制诚信"考察，深入推进光彩事业，引导非公有制经济代表人士承担社会责任，投身公益慈善事业。

（2）**搭建政策服务平台**。通过项目购买、项目奖励等方式，积极拓展政府和社会组织合作渠道，支持推动社会组织参与社会治理。

（3）**搭建公共服务平台**。结合深化"网格化管理、组团式服务"，全面建立县、乡（镇）、村三级服务平台，形成纵向到底、横向到边的信息服务网络；既为非公有制经济组织和社会组织提供优质服务，又引导他们参与社会服务和管理，切实承担社会责任。

7. 规范信息网络综合管理

（1）**加强运营监管**。坚持建设与规范并重、发展与管理同步，强化网上网下结合的综合监管防控功能，维护网络信息安全。依法加强对互联网运营单位、互联网服务场所的安全监管。按照"谁运营、谁负责""谁接入、谁负责""先备案、后接入"要求，明确网络运营企业、联网单位、上网用户的法律责任，促进互联网业界强化行业自律。

（2）**落实实名上网**。积极稳妥推进网络实名制，落

第三章　战略任务和目标

实网站备案制。网吧、手机依法实行实名上网。互联网服务运营商、联网单位对各类用户实行上网日志留存措施，并及时向管理机关提供互联网基础数据和用户备案数据。

（3）实施动态管理。加强重点要害部门网络监管，构建网络动态防控体系，重要网站设立网上报警求助岗亭，重点论坛设立虚拟警察，力求网上报警有人处置，网上求助有人答复，案件线索有人查处。对网上热点问题第一时间回应，网上不实信息第一时间澄清，网上有害信息第一时间封堵删除，杜绝网络失泄密事件。依法加强社交网络和即时通信工具管理，规范网络信息传播秩序。对在网上歪曲事实真相，恶意炒作社会热点问题，煽动网民滋事，引发影响社会稳定事端，造成严重后果的重大案件事件，立即落地查人，并依法严肃处理，坚持打击利用或针对网络进行的违法犯罪活动。

七、加强党的领导，确保"十三五"规划目标任务落实

1. 发挥党的领导核心作用

加强党委对经济社会发展的领导。坚持党总揽全局、协调各方，发挥各级党委（党组）的领导核心作用，为全面建成小康社会提供坚强保证。加强党委领导经济社会工作的制度化建设，健全完善党委统筹协调、重大事项决策、研究经济社会发展战略、定期分析经济形势、确定重大应对措施、组织推进规划实施、重点工作督查考核问责等工作机制，提高决策科学化水平。扎实开展"两学一做"学习教育活动，加强党的各级组织建设，实现非公经济组织、

社会组织党组织和党的工作"两个全覆盖",发挥基层党组织战斗堡垒和党员先锋模范作用,带领群众全面建成小康社会。

广泛凝聚全社会力量。贯彻党的群众路线,充分发扬民主,提高宣传和组织群众能力,凝聚推动稷山各项事业发展的强大正能量。充分发挥人大依法监督、决议决定职能作用,充分发挥人民政协政治协商、民主监督、参政议政作用,巩固和发展最广泛的爱国统一战线,加强协商民主制度建设,全面落实党的知识分子、民族、宗教、侨务等政策,充分发挥民主党派、工商联、无党派人士和社会各界人士作用,注重发挥工会、共青团、妇联等群团组织作用,最大限度凝聚全社会智慧力量,推动稷山县改革发展。倡树"32字工作导向",增强运用党的科学理论能力、统筹发展能力、专业谋划能力、推动发展能力、依法治理能力、推进落实能力,形成想作为、敢作为、善作为的良好风尚,确保重大决策部署落到实处、取得实效。

2. 全面实施"六权治本"

从源头上强化对权力运行的制约和监督,把制度"笼子"织密、扎紧、编牢,更多用制度治党、管权、治吏,努力形成不敢腐、不能腐、不想腐的长效机制。以"三清单、2+1平台、两张图、一监督"为载体,抓住关键、健全机制,全面推行县政府及其工作部门权力清单、责任清单制度。按照"全面覆盖、全程到位、制度束权"要求,建立健全各项规章制度。

全面落实公开制度。规范完善政务服务平台和公共资源交易平台运行,全部交易进平台,平台之外无交易。对

第三章 战略任务和目标

权力运行进行全方位、全过程监督。加大专门机构监督力度。落实人大政协监督,加强和改进司法监督,强化舆论监督,扩展社会监督渠道。

围绕农村资金、资产、资源管理,推动"六权治本"向乡、村两级延伸,用制度管人管事,有效解决群众身边的腐败问题,坚决纠治不作为、慢作为、乱作为的现象,实现"乡村治、百姓安"。

3. 营造廉洁发展社会环境

坚持廉洁发展底线意识,把干部清正、政府清廉、政治清明作为经济社会发展的底线和基础。加强干部队伍建设,提高依法行政能力,纠正"不作为、慢作为、乱作为"等行业和部门不正之风,强化党员干部服务基层、服务群众的群众路线,在全县营造良好的廉洁从政氛围。

充分挖掘、继承和弘扬优秀廉政文化、法治文化和红色文化,广泛宣传廉洁发展典型。加大正风肃纪力度,紧盯"四风"新形式、新动向,始终保持狠刹"四风"高压态势,完善相关制度规定,建立长效机制,使作风建设制度化、常态化、长效化。倡导廉洁文明新风尚,弘扬以廉立身、以廉治家、以廉教子的文化传统;革除铺张浪费、婚丧嫁娶大操大办等社会陋习,促进社会风气不断好转。

创新推动廉洁发展体制机制。自觉把廉洁、法治、效能的理念贯穿到各项工作中,按制度办事,按规矩办事,按程序办事,在干部清正、政府清廉、政治清明中推进改革发展。

4. 加强和创新社会治理

完善党委领导、政府主导、社会协调、公众参与、法治保障的社会治理体制，推进社会治理精细化，创新社会治理模式，构建全民共建共享的社会治理新格局。

（1）**转变社会治理理论**。实现从生产建设型向社会治理型转变，从提供经济物品向提供制度环境转变，从行政管制型向公共服务型转变，从集中管理型向依靠市场调控型转变。

（2）**构建多元社会治理主体**。按照构建"党委领导、政府负责、社会协同、公众参与"的社会治理新格局的要求，积极培育社会治理多元主体，充分发挥社会组织、城乡社区和人民群众协同运作的合力，培育扶持社会组织，推进城乡社区自治组织建设，鼓励公民有序参与。

（3）**建立健全社会稳定风险评估制度**。加强对全县重大决策的社会稳定风险评估，并进行有效的监督和管理，确保事关人民群众利益的重大决策应评尽评，努力维护社会稳定。

充分发挥政法综治部门维护社会大局稳定、促进社会公平正义、保障人民安居乐业的职能作用，积极调动社会各界力量，突出加强社会管理创新，促进稷山县社会治理向着更加公正、健康、和谐、有序的方向发展。

5. 加强思想道德和精神文明建设

以社会主义核心价值体系宣传教育为主线，扎实推进思想道德建设；以文明城市创建活动为抓手，大力整改薄弱环节，纠正不文明行为；以"乡村文明行动"为重点，

第三章　战略任务和目标

强化示范引领；以促进青少年健康成长为目标，切实加强未成年人思想道德建设。大力净化社会文化环境，深入推进互联网、网吧、校园周边环境治理；以学雷锋活动为抓手，广泛开展城乡平安志愿服务活动。充分发挥各职能部门的积极性和主动性，精心组织文化建设志愿服务。建立健全志愿服务领导机制和工作机制，推动平安志愿服务活动经常化、社会化、规范化。

6. 切实抓好规划建议目标任务落实

稷山县"十三五"规划纲要确定了今后5年稷山县经济和社会发展的指导思想、主要目标、重点任务、重大举措。各单位要结合实际制定本部门的"十三五"发展规划，切实履行职责，确保目标任务落实。

（1）**分解目标任务**。对规划纲要确定的发展目标、重点任务和政策措施进行分解，明确牵头部门和工作责任，并将之作为对各部门、各乡（镇）落实绩效考核的重要内容。各部门要深化细化落实计划，明确措施、明确责任、明确期限，确保规划目标和任务落到实处。

（2）**加强规划衔接**。强化规划纲要作为制定专项规划、年度计划以及相关政策依据的重要地位。发挥规划纲要对城镇规划、土地利用规划等相关领域规划的指导作用，确保各级各类规划与规划纲要在总体要求上指向一致、空间配置上相互协调、时序安排上科学合理。

（3）**完善监测评估考核机制**。加强规划实施年度监测评估和报告制度，深入分析经济运行中存在的问题和风险，及时提出应对对策和举措，并向县人大常委会报告。完善考核评价机制，建立完善政府事项和约束性指标落实目标责任制。建立规划实施监督检查机制，实行年度执行报告、规划中期评估等制度，根据发展实际，按程序对规划进行必要调整。

实现"十三五"时期的发展目标，任务艰巨，使命光荣。全县各级党组织和广大党员要更加紧密地团结在以习近平同志为核心的党中央周围，在县委的坚强领导下，深入贯彻落实"四个全面"战略布局，坚持"一个指引、两手硬"新要求，大力实施"三动三新"发展战略，加快推动"五大发展"新理念，集智聚力、合力共为，攻坚克难、开拓进取，夺取全面建成小康社会决胜阶段的伟大胜利！

第四章　强力推进脱贫攻坚工作

一、指导思想

认真学习贯彻习近平总书记"一个希望、三个着力"的重要指示精神，紧紧抓住脱贫攻坚这个"头等大事"和"第一民生工程"，坚持以脱贫攻坚统揽经济社会发展全局，以建档立卡扶贫对象为攻坚核心，以精准扶贫、精准脱贫为攻坚目标，坚决打赢全县脱贫攻坚战，确保稷山县与全省、全市同步全面建成小康社会。

二、基本原则

坚持党委领导、政府主导。充分发挥各级党委总揽全

第四章　强力推进脱贫攻坚工作

局、协调各方的领导核心作用，强化县级党委、政府主体责任，严格执行脱贫攻坚党政一把手负责制。加强农村基层党组织建设，推动行业部门履行职责，引领市场、社会协同发力，构建合力攻坚的大扶贫格局。

坚持整体谋划、统筹协调。发挥社会主义制度集中力量办大事的优势，调动行业、部门力量打好脱贫攻坚"组合拳"。引导各种扶贫资源向贫困群众倾斜，建设项目向贫困地区布局，各方力量向脱贫攻坚汇聚，完善专项扶贫、行业扶贫、社会扶贫互为补充的脱贫攻坚工作机制。

坚持精准扶贫、精准脱贫。精准识别扶贫对象，深入分析致贫原因，分类制订帮扶规划，明确帮扶责任，落实帮扶措施，切实提高脱贫攻坚的针对性，增强贫困人口的获得感，确保做到扶真贫、真扶贫、真脱贫。

坚持目标导向、问题导向。紧紧围绕脱贫攻坚总体目标，以问题为"透视镜"，创新扶贫开发路径，由"大水漫灌"向"精准滴灌"转变；创新扶贫资源使用方式，由多头分散向统筹集中转变；创新扶贫开发模式，由偏重"输血"向注重"造血"转变；创新扶贫考评体系，由侧重考核地区生产总值向主要考核脱贫成效转变。

坚持生态优先、绿色发展。把脱贫攻坚和生态文明建设紧密结合起来，统筹治山治水，协调增绿增收，积极探索生态脱贫、绿色发展新路子，切实把建设绿水青山的过程变成群众增收脱贫的过程。

坚持群众主体、激发内力。扶贫先扶志,治穷先治愚。处理好国家支持、社会帮扶和自身努力的关系，最大限度激发贫困地区干部群众的内生动力，变"要我脱贫"为"我要脱贫",迎难而上、久久为功,走出艰苦奋斗脱贫致富的新路子。

三、目标任务

根据省委、省政府,市委、市政府"力争提前一年实现精准扶贫攻坚"的工作目标,稷山县脱贫攻坚的目标任务是:2016年7个贫困村摘帽,脱贫1500人。2017年7个贫困村摘帽,脱贫1300人。2018年6个贫困村摘帽,脱贫1250人。2019年脱贫886人。2020年进一步巩固发展精准脱贫攻坚成果,稳定实现扶贫对象不愁吃、不愁穿,保障其义务教育、基本医疗和住房,确保已脱贫群众共奔小康不掉队。

四、工作要求

按照省、市脱贫标准,紧扣稷山县实际,加强脱贫攻坚的组织实施,进一步明确目标、落实责任,整合资源,全力攻坚,强力推进"八大工程二十个专项行动",通过实施挂图作战,进一步瞄准扶贫对象,落实帮扶责任,制定帮扶措施,完善退出机制,切实解决好"扶持谁""谁来扶""怎么扶"和"如何退"的问题。

五、重大举措

坚持扶贫工作任务具体化、项目化、数字化、精准化、责任化原则,全力实施脱贫攻坚八大工程,扎实推进二十个专项行动。

第四章 强力推进脱贫攻坚工作

（一）特色产业扶贫工程

1. 特色农业扶贫行动。（牵头单位：农委 实施单位：农委、枣业发展中心、农业综合开发办、农经中心、畜牧兽医发展中心、林业局、水利局）

脱贫攻坚要突出发展产业，不断提升产业的规模化、标准化、专业化、信息化水平，融合一二三产业，力争到2020年，20个贫困村每个村形成1至2个主导产业。

2. 光伏扶贫行动。（牵头实施单位：发改委。扶贫开发中心、供电公司配合落实）

把发展光伏产业和精准扶贫结合起来，按照市场化运作、企业化运营的方式，通过建设村级光伏扶贫电站、户用光伏扶贫电站、农光互补电站等多种形式，积极发展光伏产业。

3. 旅游扶贫行动。（牵头实施单位：文物旅游局）

依托贫困地区丰富多样的旅游资源优势，引导社会资金参与石佛沟、东大有、马家沟村旅游开发建设，改善旅游基础设施，培育乡村旅游扶贫致富带头人，挖掘乡村旅游辐射带动潜力。

4. 电商扶贫行动。（牵头单位：经信局 实施单位：经信局、供销社）

加快贫困地区物流配送体系建设，鼓励电商企业拓展农村业务，开展互联网为农便民服务，提升贫困地区农村互联网金融服务水平，扩大信息进村入户覆盖面。

（二）易地扶贫搬迁工程

5. 易地移民搬迁行动。（牵头实施单位：扶贫开发中心、发改委，财政局、农发行、稷峰镇、翟店镇配合落实）

坚持易地扶贫搬迁与新型城镇化、产业开发、旧村开发利用、完善公共服务社会保障相结合，统筹谋划，精心组织，确保搬得出、稳得住、有房住、有产业、有收入，融入新的生活，实现稳定脱贫致富。

6. 改善人居环境行动。（牵头单位：农委　实施单位：发改、环保、国土、住建及各乡（镇）配合落实）

加快推进农村危房改造，推进农村人居环境完善提质、农民安居、环境整治和宜居示范工程建设，建成一批美丽乡村，带动和促进贫困村基础设施明显改善，基本公共服务接近全市平均水平。

（三）培训就业扶贫工程

7. 培训就业扶贫行动。（牵头单位：人社局　实施单位：人社局、教科局）

以稳定就业为导向，统筹整合各类职业技能培训、认证、鉴定等资源，提高培训质量，支持农村贫困劳动力掌握实用技术或转移就业技能，拓展贫困群众外出就业空间。

（四）生态补偿脱贫工程

8. 生态建设扶贫行动。（牵头实施单位：林业局）

完善退耕还林政策，加快宜林荒山绿化进程，强化森林资源管护，加大贫困地区生态保护修复力度，狠抓植树造林，实现荒山增绿、农民增收，提升林业建设对脱贫攻坚的贡献率。

（五）社会保障兜底工程

9. 农村低保扶贫行动。（牵头单位：民政局　实施单位：民政局、人社局）

推进农村最低生活保障制度和扶贫开发政策有效衔

第四章 强力推进脱贫攻坚工作

接,逐步提高农村低保标准,加快完善城乡居民基本养老保险制度,着力构建农村低保、特困人员供养、医疗救助等制度为主体,社会力量参与为补充的新型社会救助体系。

10. 特殊群体关爱行动。(牵头单位:民政局 实施单位:民政局、残联)

积极开展对农村留守儿童、留守妇女、留守老人及残疾人等特殊群体的全面摸底排查工作,建立翔实完备、动态更新的信息管理系统,引导鼓励社会力量参与特殊群体关爱服务。

(六)基础设施改善工程

11. 交通扶贫行动。(牵头实施单位:交通局)

为加快农村公路改造步伐,特别是市定的20个贫困村通村路的建设,推进建制村汽车停靠站点建设,实现贫困地区乡村畅通、安全便捷。

12. 水利扶贫行动。(牵头实施单位:水利局)

农田水利建设项目。重点向因水利条件差影响产业发展的贫困村倾斜,力争使所有具备条件的贫困村水利设施可满足产业发展要求。要积极探索贫困群众参与建设的方式方法,尽量增加贫困群众的收入。

贫困人口饮水安全项目。"十三五"期间,稷山县要把贫困村和贫困人口饮水安全放在首位,增加农村饮水安全巩固提升工程,降低或免除贫困村饮水安全工程中的自筹部分,免除贫困户自筹部分,确保"十三五"末全县贫困群众饮水安全完成达标。同时在小型饮水安全项目建设中组织贫困群众参加劳动,获取劳务收入。配合易地扶贫搬迁,解决搬迁户饮水困难,加快推进农村水质监测,对贫困村贫困户人口重点监测。

13. 清洁能源和电力扶贫行动。（牵头单位：发改局 实施单位：发改局、供电公司）

加快推进贫困地区生产生活用气建设，推进燃气管网向贫困地区延伸，改造升级农村电网，落实动力电全覆盖，逐步实现贫困地区供电服务均等及城乡电网建设一体化。

14. 以工代赈扶贫行动。（牵头实施单位：发改局）

加大以工代赈扶贫投入力度，通过实施相互配套的以工代赈实施片区综合开发，加快解决制约生产生活发展的问题。

（七）公共服务提升工程

15. 教育扶贫行动。（牵头实施单位：教科局 实施单位：教科局、扶贫开发中心）

科学布局农村义务教育学校，改善农村学校办学条件，合理配置教师资源，健全贫困学生资助制度，实现贫困地区基本普及学前教育，义务教育水平进一步提高，普及高中阶段教育，基础教育办学质量有较大提升。

16. 健康扶贫行动。（牵头实施单位：卫计局）

大力改善医疗卫生条件，构筑城乡居民基本医疗保险、大病保险和医疗救助"三重医疗保障"，防止因病致贫、因病返贫现象发生。到 2020 年，贫困村公共卫生和基本医疗服务达到或接近全县平均水平。

17. 科技扶贫行动。（牵头实施单位：教科局）

统筹整合农科教资源向贫困地区重点倾斜，鼓励科技人员到贫困地区开展创业式扶贫服务，强化涉农技术和实用技能培训，有效解决科技成果转化"最后 1000 米"问

第四章 强力推进脱贫攻坚工作

题。

18. 文化和信息扶贫行动。(牵头单位：文化局　实施单位：文化局、经信局)

大力推进贫困地区图书室和文化室、基层综合文化服务中心和农家书屋建设，推进贫困地区"四网融合"，健全基层公共文化活动网络，解决基层文化设施"空心化"的问题。

（八）社会力量帮扶工程

19. 企业扶贫行动。(牵头单位：经信局　实施单位：经信局、中小企业局、工商联、金融办、扶贫开发中心)

按照市场导向、农企双赢的要求，加大力度支持引导各类企业参与产业扶贫，密切企业与贫困农户利益联结机制，促进贫困农户稳步增收。

20. 社会扶贫行动。(牵头单位：扶贫开发中心　实施单位：武装部、统战部、工商联、工会、团委、妇联)

加大扶贫宣传，畅通扶贫渠道，进一步加大社会扶贫工作力度，广泛动员社会力量参与脱贫攻坚，大力营造富结穷、富带穷、富帮穷的浓厚氛围。

六、攻坚措施

脱贫攻坚事关全面小康能否如期实现，必须按照"找准原因、精准施策、建立机制、形成合力"的工作思路，遵循"单位帮村、干部包户、社会参与、民政托底、结对帮扶、精准扶贫、决战五年、同步小康"的总体要求，采取过硬措施，坚决打赢攻坚之战。

（一）精准到村到户，科学制定精准扶贫攻坚规划要在全面摸清贫困村、贫困户、贫困状况的基础上，紧紧围绕提前一年实现精准扶贫攻坚任务的目标要求，科学制定精准扶贫攻坚规划，用统筹规划承接上级扶贫开发政策支持，抓好本地精准扶贫攻坚的组织实施，确保责任到位，工作落实到位。要按照"一村一策""一户一方"的工作要求，制定落实每个贫困村、每户贫困户的具体脱贫计划，明确发展目标和脱贫路径，确保扶贫帮到点上，扶到根上。

（二）精准定点帮扶，进一步加大社会扶贫力度

深入开展单位定点帮扶贫困村工作。县直党政机关、企业单位实施定点包扶贫困村，不留空白。帮扶单位要成立帮扶工作领导小组，组建驻村工作队。重点完成好"六个一"帮扶任务，即因地制宜帮助帮扶村制定一个经济社会发展脱贫致富的计划，落实好发展一项特色优势种养业或乡村旅游等增收产业，实施好一批水、电、路和危房改造等基础设施改善项目，解决一批教育、卫生、文化、信息和社会保障等民生问题，建设一个坚强有力的村"两委"班子，形成一套民主规范的乡村治理机制。受帮扶的贫困村要积极主动对接帮扶单位，充分发挥主观能动性，提高自我发展能力，激发贫困群众自立自强、干事创业的信心，增强脱贫致富的合力。

全面开展干部结对帮扶贫困户。实施县直机关干部"扶贫开发户、扶贫低保户"结对帮扶全覆盖。帮扶干部要深入详细了解贫困户家庭状况、致贫原因和发展需求，帮助制定针对性、操作性强的帮扶措施，积极开展送温暖、送政策、送技术、送项目"四送"活动，帮助贫困户尽快

第四章 强力推进脱贫攻坚工作

脱贫致富。同时,对因灾、因病等原因新出现的贫困户,要纳入全县结对帮扶精准扶贫信息系统,并落实帮扶干部给予积极帮扶。

广泛动员社会力量参与结对扶贫。鼓励、引导非公有制经济组织和社会各界积极参与结对扶贫工作,扎实开展扶资金、扶产业、扶就业、扶信息"四扶"活动。充分发挥"10·17中国扶贫日"平台作用,弘扬扶贫济困传统美德,多方发掘社会扶贫资源。

七、以保障机制保证打赢脱贫攻坚战

(一)强化领导,为打赢脱贫攻坚战提供组织保证。在县委、县政府的统一领导下,各级党委政府都要把脱贫攻坚当作"头等大事"和"第一民生工程",一抓到底,直至完胜。要落实"中央统筹、省负总责、市县抓落实、乡村具体实施"工作机制,成立各级脱贫攻坚领导小组,层层签订责任书,明确脱贫时间表,倒排项目工期,逐项推进落实。要切实加强扶贫机构和队伍建设,着力打造素质过硬、作风扎实、创新进取的扶贫干部队伍,切实提高统筹协调组织脱贫攻坚工作战斗力。进一步规范包村领导、驻村工作队和第一书记"三支队伍",加强日常管理培训工作,确保脱贫攻坚工作有人组织、有人负责、有人落实。

(二)全民参战,为打赢脱贫攻坚战构筑合力支撑。脱贫攻坚是一个系统工程,必须全党动员、全民参战,动员全社会力量投入攻坚。支持统战部门、各民主党派、工商联发挥优势,开展人才智力扶贫活动。支持工青妇等组织开展精准帮扶活动。支持老促会、扶贫基金会、扶贫协会等社团组织参与支持脱贫攻坚,组织开展好"10·17中国扶贫日"活动,建立社会扶贫对接平台,引导更大范围的社会力量参与支持脱贫攻坚。

(三)加大投入,为打赢脱贫攻坚战落实财力支持。发挥政府投入在扶贫开发中的主体、主导作用,调整财政支出结构,加大专项扶贫投入,年度财政扶贫资金投入总量和增幅保持"双增长",确保政府扶贫投入力度与脱贫攻坚任务相适应。

(四)加强监管,为打赢脱贫攻坚战盘活项目资金。健全与财政专项扶贫资金切块到县、项目审批权限下放到县相适应的资金项目监管机制,探索建立扶贫资金安排与带动贫困人口增收脱贫的利益联结机制。抓好财政扶贫资金转拨付和结余资金盘活使用工作。实行扶贫攻坚项目终身负责制,对资金使用和项目建设全程监管,跟踪问效,保障扶贫资金阳光运行,提高效益。

(五)宣传造势,为打赢脱贫攻坚战营造舆论氛围。通过开展集中宣讲活动、组织新闻媒体宣传报道、召开新闻发布会等形式,深入宣传解读中央和省、市打赢脱贫攻坚战的决策部署和重大举措,大力宣传报道脱贫攻坚取得的成效和精准扶贫、精准脱贫的典型做法与成功经验,广泛宣传社会各界关心、支持、参与脱贫攻坚的先进事迹,营造脱贫攻坚舆论氛围,凝聚脱贫攻坚正能量。

(六)廉洁扶贫,为打赢脱贫攻坚战提供纪律保障。要把党风廉政建设贯穿于脱贫攻坚战的全过程,严格落实"两个责任"。进一步完善制约监督制度体系,引导财政监督检查和审计稽查工作,坚持开展集中整治和预防扶贫

第四章　强力推进脱贫攻坚工作

领域职务犯罪专项工作,推进脱贫攻坚领域反腐倡廉建设。对虚报冒领、截留私分、贪污挪用、挥霍浪费等问题,坚决从严惩处,确保廉洁扶贫、阳光扶贫。

附 录

一、稷山县大事记（1949年至2018年）

三年恢复时期（1949年至1952年）

1949年稷山全县人口123320人，耕地面积644636亩。工农业总产值2183万元，其中，工业总产值37万元，农业总产值2146万元。财政收入100万元。

1949年1月，全县城乡开展取缔"一贯道"等反动会道门运动。

1949年夏，各村群众在县委领导下，为支援前线整修公路50里，大车路120里，为部队提供粮食、柴草、油盐、蔬菜等100余万公斤，做军鞋50000双，造木船36只，动员745人参加担架队，动员铁轮大车3200辆、民工600人给部队运送大量军用物资。

1949年7月1日，县委在西街稷王庙召开机关党员纪念党的生日大会，县委书记李晓林郑重宣布："共产党已掌握全国政权，公开活动的条件已经成熟，今后各级党组织一律公开活动。"参会党员互相介绍，公开身份，互称同志。从此，中共稷山县党的组织活动进入新阶段。

1950年1月5日至7日，稷山县第一届各界人民代表会议第一次会议在县城召开，会议讨论并通过了《关于

附 录

确定地权、颁发土地证办法的决议》。选出本次会议常务委员 21 名，杜耀生被上级任命为稷山县人民政府县长。

1950 年 9 月 25 日，县各代会代表、上柏村农民史九保因开泉引水成绩显著，赴北京参加全国工农兵劳动模范大会，受到毛泽东主席和周恩来总理的接见。

1950 年 11 月 19 日晚，曾任阎锡山部队少校营长的杜启明，秘密纠集各类反动分子 300 余人，分别从北山八宝宫、化峪、清河发动震惊全国的反革命武装暴动。暴徒们先后袭击了县政府和五区（太杜）人民政府，杀害了县财政科长、五区代理区长等 7 人，在进攻县政府后院门时，被县武装部击溃。翌日，县武装力量及运城赶到的援军全面追捕暴徒。杜启明于 1951 年 5 月 8 日在曲沃张少村被抓获，同年 6 月在运城被执行枪决。

是年，抗美援朝运动开始，全县有 4700 余名青年报名，430 人参加了中国人民志愿军。

1951 年春，全县开展镇压反革命运动，破获"中国人民反共自卫军稷山独立大队"等 5 个反革命组织，逮捕匪特中队长以上 88 人，以下 279 人，土匪 44 人，道首 81 人，恶霸地主 72 人等。

1951 年 5 月 1 日，万余干部群众汇集县城游行示威，声援朝鲜人民的抗美斗争。

1951 年 5 月 1 日至 4 日，稷山县分别在修善庙会及化峪、太杜召开镇反大会，枪决了一批反革命分子。

是年，稷山全县党政机关开展"反贪污、反浪费、反官僚主义"运动，查出贪污、浪费国家资金 19712 元，并对 5 名贪污百元以上、情节严重的干部追究了刑事责任。

1952年1月至6月，县工商界开展"反行贿、反偷税漏税、反盗骗国家财产、反偷工减料、反盗窃国家经济情报"的"五反"运动。

1952年春，全县第一个农业生产合作社西里村王明有农业社试办成功，共27户，112人。

1952年9月30日，稷山中学正式成立。校长赵钧，校址在县城文庙内（原县第二招待所），开设6个班，有300余名学生。

1952年11月26日至12月1日，稷山县第二届各界人民代表会议第一次会议在县城召开。经省人民政府批准，本次会议开始代行人代会职权。会议按照《选举法》《组织法》规定，首次选举产生了稷山县人民政府组成人员，陈兴华当选人民政府县长。

建设时期（1953年至1975年）

1953年至1957年

1953年11月，全县取消粮食自由市场，实行粮食油料计划收购和供应。非农业人口共分6等12级，以户计算，凭票证按月供应。

是年，行政村改乡，全县共分5个区44个乡。

是年，南翟村农民黄顺元获全国"棉花劳模"称号。

1954年3月，全县开始人口普查，全县共31105户，131214人。

1954年3月20日至25日，县委召开互助合作代表会议，参会代表583人。会议总结了农业生产互助合作运

附　录

动的经验，讨论了今后的发展方向。

1954年7月2日至6日，稷山县第一届人民代表大会第一次会议在县城隆重召开。会议听取和审议了《政府工作报告》和《财政预决算报告》，并做出了相应的决议，选举刘新太、宁世清代表稷山县出席山西省第一届人民代表大会。本次会议实现了由县各界人民代表会议向县人民代表大会的过渡。

是年，稷山县10多人赴朝慰问志愿军。全县募捐慰问品折合人民币2488860元（旧币），写慰问信389封。城关南街女共产党员阎合姐捐皮袄一件，粮食一石，猪一头，人民币110元，受到毛泽东主席接见。

是年，撤销行政区，划44个乡直属县政府领导。

1955年1月8日至12日，中国共产党稷山县首届党员代表会议在县城召开，参会代表137人。会议选出以徐毅为书记的县委组成人员。

1955年5月，根据山西省人民委员会通知，稷山县人民政府更名为稷山县人民委员会。

是年，全县共建初级社225个，入社农户达9563户。

1956年2月，恒生铁工厂、城关俊兴炉院、杨赵德盛炉院、仁义炉院实行行业合营，定名为公私合营恒生铁工厂，厂长张通顺。

1956年2月14日，在城关召开近万人参加的全县公私合营庆祝大会。

1956年3月，县人大一届三次会议通过《关于扩大乡划方案》，决定把全县44个乡合并为18个乡。

1956年3月，农业合作社进入高潮，全县33692户加入高级农业社，占总户数的 99.8%，高级农业社达 168 个，完成对农业的社会主义改造。

1956 年 12 月 27 日至 31 日，稷山县第二届人民代表大会第一次会议在县城召开。会议听取和审议了县人民委员会、县人民法院的工作报告，并做出了相应决议。选举皇甫里平为县人民委员会县长，牛毅之为县人民法院院长。

是年，全县开展肃反运动，查出反革命分子 212 人，分别进行了处理。

1957 年 6 月 30 日至 7 月 6 日，稷山县第二次党代会在县城召开，会议做出《关于争取农业大丰收，进一步巩固农业生产合作社的决议》。

1957 年 9 月，稷山板枣第一次出口，远销英国、日本、东南亚各国。

1957 年 10 月 26 日，山西省人民委员会在稷山县召开全省农村卫生保健工作现场会。稷山县太阳村被评为"山西省除四害、讲卫生、消灭疾病红旗单位"。

是年末，全县人口 145428 人，耕地面积 653983 亩，工农业总产值 3177 万元，其中，工业总产值 162 万元，农业总产值 3015 万元。财政收入 215 万元。

1958 年至 1962 年

1958 年 1 月，山西省委第一书记陶鲁笳到稷山视察卫生模范太阳村，晋南地委第一书记赵雨亭陪同。陶鲁笳为太阳村题词："一定要把太阳卫生保健工作的好榜样普及全省。"

1958 年 5 月 27 日至 30 日，稷山县第三届人民代表

附 录

大会第一次会议在县城召开,会议听取和审议了县人民委员会和县人民法院的工作报告,并作出相应决议,选举皇甫里平为县人民委员会县长,牛毅之为县人民法院院长,焦菊荣、韩地林等为稷山县出席山西省第二届人大代表。

1958年8月22日,稷山第一个人民公社翟店红旗人民公社诞生,由翟店、西位、蔡村、坞堆及董家庄乡的44个农业社57个自然村组成。随后又成立7个人民公社,到10月调整为4个:红旗(翟店)、东风(清河)、前进(西社)、卫星(化峪)。

1958年11月6日,根据省地指示,稷山、万荣、河津合署办公,县名仍称稷山县。

1958年12月,太阳村党支部书记赵国玺参加全国农村社会主义建设先进代表会。国务院总理周恩来颁发给太阳村锦旗一面:奖给农业社会主义建设先进单位山西省稷山县太阳村。

是年,全县开展"大跃进"运动,县委提出"工农业生产一马当先,其他各项工作万马奔腾"的口号。工业上提出口号"两人一吨铁、十人一吨钢,赶美超英"。全县在陈家山摆开大炼钢铁战场。

是年,坞堆气象哨"管天姑娘"王转息出席了全国群英会。

1959年5月3日至8日,中国人民政治协商会议稷山县委员会首届一次会议在县城召开,会议听取和审议了县政协工作报告,通过了有关决议,选出县政协首届委员会常委21人。

1959年7月,万荣县从稷山县析出。稷山全县增设城关、西村两个人民公社，公社总数6个。

1959年12月21日，全国农村卫生工作稷山现场会在稷山县城召开，来自全国各省、市、自治区的475名代表出席会议，大会分别由卫生部部长李德全、副部长徐运北主持。代表们先后参观了太阳村和稷山县其他先进典型，会内会外形成了"学稷山、赶稷山、超稷山"热潮。会后，中央以中发70号文件转发卫生部党组给中央的报告《关于全国农村卫生工作山西稷山现场会议情况的报告》及其附件《关于人民公社卫生工作几个问题的意见》。

1960年3月18日，为推广稷山农村卫生工作经验，中共中央以文件形式印发毛泽东主席亲自起草的《中央关于卫生工作的指示》。

1960年4月29日至5月1日，中共中央委员、最高人民法院院长谢觉哉在山西省委书记王大任陪同下视察了太阳村并题词："生产好、卫生好、田增产、人增寿。"

1960年5月6日至10日，中国共产党稷山县第三次代表大会在县城召开。会议做出《关于提高全党思想水平，改进领导作风，正确处理人民内部矛盾的决议》。

1960年5月12日，共青团中央第一书记胡耀邦到稷山视察并题词。

1960年8月16日至19日，稷山县第四届人民代表大会第一次会议在县城召开。会议听取和审议了县人民委员会和县人民法院的工作报告，并做出相应决议，选举裴治陆为县人民委员会县长，牛毅之为县人民法院院长。

1961年2月5日，全县增设太阳、修善、蔡村、杨赵、下迪等5个人民公社，公社总数达到11个。

附 录

1961年12月，河津及乡宁尉庄、西坡两公社从稷山析出，稷山恢复原建制。

1962年5月，全县增设路村人民公社。至此，全县共12个公社。

1962年9月，全县精简机构，精简干部141人，其中直接返回农村的131人。1978年后，落实"六二压"政策，这些同志又陆续恢复工作。

1962年12月稷山师范学校成立，隶属晋南专署领导，1998年改为师范学院，2010年该校有教职工200余人，在校生3600余人。2011年整体迁至盐湖区舜帝陵校区。

是年，全县12个公社177个大队不同程度实行改革："三包包死，全奖全赔"的68个大队，"分配大包干"的89个大队，小队核算的20个大队。

是年，全县人口166526人，耕地面积603874亩，水浇地面积37965亩，工农业总产值3225万元，其中工业总产值693万元，农业总产值2532万元，乡（镇）企业总产值108万元。财政收入231万元。

1963年至1965年

1963年3月，县人民医院搬进西门外新院址。该院由省政府和卫生部投资百万元兴建，有门诊大楼、4幢病房楼和其他用房，建筑面积9200余平方米。

1963年7月2日至6日，政协稷山县二届一次会议在县城召开。会议听取和审议了上届县政协常委会工作报告，代表们列席了县五届人大一次会议。

1963年7月3日至7日,稷山县第五届人民代表大会第一次会议在县城召开,会议听取和审议了县人民委员会和县人民法院的工作报告并做出了相应决议。选举张云峰为县人民委员会县长,牛毅之为县人民法院院长,张云峰、宁绍武、刘江、王转息为出席山西省第三届人大代表。

是年,稷山县同省民航局建立起飞机治虫业务,用飞机对万亩板枣区大面积喷药,基本上控制了危害最大的"枣步曲"(枣尺蠖)病虫害,首开稷山飞机喷药治虫之先河。

1964年3月,全县开展"四清"(清政治、清思想、清组织、清经济)。先在杨赵、姚村两个大队搞试点,后从县直抽调干部297名,借调农村干部95名,分别进驻12个公社33个大队开展"四清"。共揭发各种问题16381条,其中属于四不清案件278件,涉及总金额26792元。

1964年5月,稷山县委、县人委决定拆除县城中心崇善寺的古塔(已裂大缝)。所拆古塔文物大多在"文革"中遗失,铁质塔顶现保存于县博物馆。

1964年7月,第二次全县人口普查结束,共计37206户177281人,其中男88092人,女89189人。

1964年12月,全县兴起农业学大寨运动,学习大寨"政治挂帅,思想领先,自报公议工分"管理方法。

1965年春,省人委副省长刘开基在晋南专署副专员李雪等人陪同下到稷山下费考察了汾南电灌站一级站选址,筹建汾南电灌站。

1965年11月25日至29日,政协稷山县三届一次会议在县城召开,会议听取和审议了县政协二届常委会工作报告,代表们列席了县六届人大一次会议,选举县委书记张云峰为县政协主席(兼)。

1965年11月26日至30日,稷山县第六届人民代表大会第一次会议在县城召开。会议听取和审议了县人民委员会和县人民法院的工作报告并作出相应决议,选举张向良为县人民委员会县长,张有奇为县人民法院院长。

1966年至1970年

1966年4月在下费村东兴建汾南六级提水高灌站。该站总扬程57米,总装机25台,装机容量为9210千瓦,提水能力为4.5立方米／秒。总干渠全长13.5公里,支渠77条全长87公里。整个灌区横贯稷山的清河、修善、太阳、翟店、蔡村等公社及万荣、河津部分乡村。灌溉面积22.6万亩。该工程1970年建成受益。汾南电灌站1988年更名为运城市汾南扬水工程管理局。

是年,稷山首次出口汽缸套35套,出口辣椒干38687公斤,蜂蜜8965公斤,活家兔2473只。

1967年4月30日,经中共晋南核心小组批准,中共稷山县核心小组成立。张向良、王怀仁负责主持核心小组工作。

1967年5月5日至9日,召开全县革命组织代表会议,共389人参加,会议选举产生了"三结合"的临时权力机构稷山县革命委员会。主任:张向良,副主任:王怀仁、杨海川、肖志斌。

1968年4月,县革委以稷革字(68)第152号文件下达《关于治理汾河规划工作的意见》，要求有关社、队和单位保证在汛前完成护岸坝、护路坝的修筑任务。县革委还专门成立了治理汾河规划领导组，并要求沿汾河社队成立必要的办事机构。

1968年12月，来自北京崇文区的935名知识青年到稷山城关、杨赵、西社、清河、太阳、修善等8个公社32个大队插队落户。

是月，县革委会发出《关于进一步加强市场管理，坚决打击投机倒把活动的通知》，要求县直机关和社、队革委会进一步加强市场管理，打击投机倒把活动。凡进入集市贸易进行交换调剂的双方均须持有本大队革委会证明，严禁私自到队、到户进行黑市交易及私人经营食品，禁止私宰、偷宰耕畜，违者以破坏生产论处。

1969年3月，稷山县卜费变电站至城关6千伏输电线路建成，下费110千伏临时降压站和秦家庄35千伏变电站建成，此为稷山县使用国家电网电力之开端。

1969年4月，下柏村植棉劳模郑怀亲赴京参加中国共产党第九次全国代表大会。县城万人集会庆祝党的"九大"召开。

1969年7月23日，中共中央、国务院、中央军委、中央"文革"小组联合印发制止武斗的布告。县里抽调8000余人组成200个宣传队加以宣传。1969年9月，全县各中小学恢复招生，教育秩序正常。

是年，毛主席提出"深挖洞，广积粮，不称霸"，全县各村、机关、学校、工厂开挖防空洞。民宅防空洞一般直径1至2米，深3至10米，偏洞5至15米，可容纳5至

20人不等，单位挖的防空洞则更大。

1970年4月9日，经中共中央批准，晋南地区划分为临汾地区和运城地区，稷山属运城地区管辖。

1970年5月，中共稷山县委核心小组召开扩大会议，根据上级指示部署"一打三反"：打击现行反革命破坏活动，反对贪污盗窃、投机倒把、铺张浪费。

秋，县粮食系统革委会在翟店峨嵋村筹建战备粮库，1973年建成窑洞式仓库12座，面积2150平方米，容量331万斤。

1970年11月26日，位于县城北的晋家峪水库动工。该水库由杨家庄、麻参坡等6个村投资修建，1974年建成，库容120万立方米，可浇地5000亩。

是年，县城开通北大街，把原来的丁字街改建成十字街，并新建"工农兵服务部"等商店。

是年，"稷山县骨髓炎医院"在南梁建成。1980年扩建，该院是全国第一所骨髓炎专科医院。建筑面积11300平方米，设病床700张，接治全国各地的骨髓炎患者。

是年全县人口209244人，耕地面积585966亩，水浇地面积130980亩，工农业总产值4428万元，其中工业产值902万元，农业总产值3526万元，乡（镇）企业总产值167万元。财政收入299万元。

1971年至1975年

1971年3月，县人民医院神经科医生焦顺发发明的"头针疗法"获得成功。为此，卫生部在稷山举办两届全国头针疗法学习班,向全国推广。

春,根据上级决定,西村公社(含西村、望嘱等17个自然村)划给万荣县。全县时为11个公社。

1971年5月8日至10日,中国共产党稷山县第四次代表大会在县城召开。会议决定恢复中共稷山县委,撤销中共稷山县革命委员会核心小组,选举冯庆荣为县委书记。

1971年,蔡村公社卫生院院长任全保研究"母痔基底硬化疗法"获得成功。1973年研究"局部长效麻醉注射液"获得成功。两项成果于1978年均获全国科学大会重大发明奖。

是年,山西晋南唯一定点生产企业"稷山制钉厂"建成投产,年产圆钉2000余吨。

是年,晋(城)韩(城)公路铺成油路。该路自东向西横贯县境。

是年,全国大中专院校恢复招生,实行自愿报名、群众推荐、领导批准、学校复审的招生办法,县里推荐了"文革"中首批大中专学生。

1972年1月,县革委成立"稷山县改碱种稻指挥部"。是年,在解放军驻稷部队的帮助下,首次在南阳村采取抽水压碱法种植水稻2亩,取得亩产980斤的重大成功。运城地区为此在南阳村召开了改碱现场会,要求在全区推广此法。

1972年4月,稷山县城关精神病院成立。1974年1月更名为稷山县精神病院,1972年迁至大佛寺,建筑面积5200平方米,床位350张,医生职工70余人。

1972年5月,县自来水公司建成400立方米蓄水池,

附 录

并铺设西街及南北街铁质水管,在县城设立3个集中供水点向部分城市居民供水。

是年,稷山县供电所从秦家庄变电站10千伏出线两条,一条经清河至修善,一条经翟店至蔡村。至此全县11个公社全部通了电。

是年,县里通过招工、提干、参军、升学等渠道开始给北京插队知青安排工作。

1973年3月,在县城北郊原泰山庙旧址建成烈士陵园,集中安葬运城战役中牺牲的10余名解放军和1947年解放稷山时牺牲的烈士。

春,县委在全县农村开展"四清"(清库、清账、清工、清欠)。

1973年8月24日至28日,全国植棉能手郑怀亲作为运城地区唯一女代表,出席了在北京召开的中国共产党第十次全国代表大会,受到毛泽东、周恩来等党和国家领导人的接见。十大后,郑怀亲被提拔为县委常委、县妇联主任。

秋,稷山县卫生工作经验在广州交易会上用多种文字向国外介绍。同时首次出口蜜枣6.7吨及鼻烟壶等工艺品,价值2.2万元。

1973年12月,由县医院焦顺发编写的18万字《头针疗法经验》出版发行。

冬,汾河(下费段)截弯取直改造工程上马,全县县直机关干部、职工及部分受益大队群众以大兵团方式作战。新开河道819米,腾地1390余亩,筑坝1800米,运石1500立方米,动土方10万立方米。

是年，马村大队社员在耕作中发现砖室雕花墓3座。1979年省考古研究所对此古墓作考古勘探查明，共有宋金时期雕画仿木结构建造砖室14座，为研究宋、金建筑、戏剧、雕刻等提供了实物借鉴。1982年宋金墓群被定为省重点保护文物。

1974年6月，山西省电影制片厂拍摄的彩色纪录片《太阳村》在全省城乡上映。

是年，由县财政拨款及全县各大小队摊款，筹建稷山县化肥厂。1976年投产，年产碳铵3000吨，历经3次技术改造，到1990年形成万吨合成氨生产能力。

夏，县油路建设指挥部在修建省台运线县城至西社清水庄柏油路时，将县城运管站至大佛寺的大佛路铺设成柏油路，此为县城第二条柏油路街道。

是年，全县新架设10千伏配电线路88.9公里，新增配电变压器108台，新增通电大队19个，新配电深井、中层井210眼。全县通电大队达146个，占全县大队总数的88%，全县29个厂矿企业用上了电。

是年，全县电信通信设备有长途载波增音站一处，县局电话电报以人工报机为主。有交换机3台，设备容量250门，各公社都有电话交换设备。

是年，县自来水公司开始使用塑料管给县城部分机关安装进户自来水管。

是年，清河公社七级大队打出两眼水温30℃的温泉，水中富含硫、锶等元素，可泡澡治疗皮肤病。后中条山有色金属公司在此建立了清河温泉疗养院。

是年，全县人口228958人，耕地面积582984亩，水浇地面积214873亩。工农业总产值6065万元，其中工业总产值1731万元，农业总产值4334万元，乡（镇）企业总产值222万元。财政收入365万元。

改革开放和走向新时代（1976年至2018年）

1976年至1980年

1976年7月，县委做出《关于建立县、社、大队三级农田基本建设专业队的决定》，三级专业队占农村总劳力的10%~15%。其中县级施工团占总劳力的1%~2%，社级施工营占总劳力的3%~4%，大队施工连占总劳动力的6%~9%。

1976年9月9日毛泽东主席逝世。11日，全县各级党组织、党员干部、工农兵群众集体吊唁。18日下午，全县万余人在县城露天剧院冒雨参加追悼大会。

1976年10月，全县庆祝中共中央粉碎江青、张春桥、姚文元、王洪文"四人帮"反党集团。12月，县里开始揭批"四人帮"并清查与"四人帮"有牵连的人和事。

是年，在县城西南1公里处兴建稷山县汾河大桥，翌年5月正式通车，共投资280万元，桥长354.8米，宽19米，主桥洞17孔。

1977年10月，亚洲、大洋洲基层卫生考察组一行6人在卫生部领导陪同下到太阳等大队考察卫生工作。

是年，下柏村植棉能手郑怀亲赴京参加了中国共产党第十一次全国代表大会。

是年，全县实现社社通油路。

是年冬，全县掀起农田基本建设群众运动高潮。截至12月，全县在农田建设中动石方133万立方米，土方515万立方米。打井124眼，修渠237条总长130公里，平田整地11万亩。

1978年5月，全县学习昔阳县大寨经验。全部取消集贸市场，建成经济服务区41个，商业大院67个，组织缝纫组34个，理发室54个，木工组69个，铁业组74个，设蔬菜信息专柜142个。

1978年8月，县委发出《关于自留地问题的通知》，允许社员经营少量自留地，开展正当的家庭副业。

是年，全县有中学153所，其中完全中学1所，高中10所，九年制学校5所，七年制学校137所。全县还办起4所业余中学，各种技术班41个。

1979年3月，县里举办经营管理培训班，在全县推广西社公社薛家庄大队对秋田实行"责任到人，联系产量进行奖励"的办法，实行生产责任制。土地承包到户，所有权归国家，经营权归农户。

1979年7月，县委派员赴安徽、四川参观学习，开始在全县推行"大包干"生产责任制。是年，全县粮食获得大丰收。

1979年9月，日本、加拿大等国友人到稷山枣乡参观并订货。

1979年11月，稷山县委召开常委会、电话会和三级干部会，重点解决落实政策、平反冤、假、错案问题。随后，全县在"文化大革命"中发生的2857起冤、假、错案全部平反，1395起历史遗留问题得到解决，1119名地富分子摘掉帽子，一律改为社员。121个右派全部摘帽，其中116人得到改正。

是年，全县进一步推广农业生产承包责任制，1301个核算单位中250个实行承包到户的超奖减罚责任制。

是年，稷山县委连续开放4个集市，并于10月30日至11月4日在城关举行物资交流大会。

1980年1月，经稷山县革委同意，原城关大队划分为东街、东北街、西街、西北街、南街5个大队。

1980年5月，林业局在城关、下迪、化峪公社推广枣树"开甲"等技术，并在较大面积内试验酸枣接大枣获得成功。

是年，稷山全县人口241668人，耕地面积581711亩，水浇地面积240431亩。工农业总产值8221万元，其中工业总产值3197万元，农业总产值5024万元，乡（镇）企业总产值916万元。财政收入350万元。

1981年至1985年

1981年3月，卫生部聘请稷山县骨髓炎医院院长杨文水为"医学科学委员会"委员，并兼任《中国农村医学》《中医研究》和《山西中医》杂志编委。

1981年7月，对稷山全县烈士进行普查登记，编写出版《稷山县革命烈士英名录》，收录烈士396名，其中军队系统346名，地方系统50名。

1981年8月14日至16日，中国共产党稷山县第五次代表大会在县城召开。会议选举李俊卿为中共稷山县委书记,做出《关于端正党风,加强和改善党的领导的决议》。

1981年8月19日至24日,政协稷山县第四届委员会第一次会议在县城召开,会议选举史裕荣为县政协专职主席,政协机构正式恢复。

1981年8月19日至23日,稷山县第七届人民代表大会第一次会议在县城召开,会议根据上级文件精神,决定设立稷山县人民代表大会常务委员会,稷山县革命委员会改为稷山县人民政府。按照新的《选举法》《组织法》,选举产生了稷山县第七届人大常委会组成人员,县人民政府县长、副县长,县人民法院院长,县人民检察院检察长。

1981年9月,全县所有生产队都实行了联产计酬责任制,其中包产到户和包干到户的占99.7%。

1981年10月,稷山县委、县政府分开办公,县委在原址,县政府移址原第一招待所。

1981年11月,县委抽调200名干部到农村,就完善农业生产责任制向群众宣传"三不变"政策:坚持集体化方向不变;农业生产责任制长期不变;基本生产资料、主要是土地集体所有制长期不变。本月,全县实行生产队核算的大队,生产队原设会计账目由大队统一管理,各生产队公章、队长印章交大队。

是年撤销大队革命委员会,恢复生产大队管理委员会。

1982年5月22日至26日,卫生部和北方卫生宣教协作区在稷山召开"卫生宣教组织指导经验交流会",历时4天,辽宁、吉林省等13个省市、自治区和直辖市主管卫生、宣教工作的负责人出席了会议。

附 录

1982年7月，全县第三次人口普查，全县51952户，总人口为246612人，其中男性122503人，女性124109人。人口密度为每平方公里360人。

1982年8月，稷山电影院在稷峰西街西段北侧破土动工，1983年7月1日建成。电影院占地2000平方米，建筑面积1600平方米，总投资35万元，有1094个座位。

1982年12月31日，全县共有个体工商户、重点户和专业户1500户。

是年，稷山县马家沟一带发现40余只褐马鸡，为世界珍稀品种，已列为山西省省鸟。

1983年5月，稷山县委、县政府出台《关于发展扶植和保护"两户一体"合法权益的若干规定》，为农村专业户、重点户和经济联合体制定了优惠政策。

1983年12月，县政府向全县50000农户发放《土地使用证》，规定土地承包期限到2000年前不变。

是年，翟店镇被列为"山西省重点中心镇"。

是年，县民政局第三次为伤残军人换证，评出特等伤残军人2人，一等8人，二等甲17人，二等乙48人。三等甲80人，三等乙84人。共发放抚恤金4.09万元。

是年，全县共有中学51所，其中县办高中5所，县办初中4所，八年制学校42所。

是年，卫生部授予稷山县痔瘘医院"全国医疗卫生先进单位"称号。

1984年3月，稷山县委、县政府决定拓通县城主街供电局至民政局，长500米。

1984年5月，县政府组织各公社书记、主任、县直机关干部和各行各业能人 830 多人到河津小梁、北方坪、干涧、北午芹等地参观，学习发展商品生产、扶持农民致富的经验。

秋，全县实行户包治理小流域的新办法，全年治理面积 0.9 万亩。

1984 年 8 月，遵照宪法有关规定和中共中央、国务院《关于实行政社分开、建立乡政府的通知》精神，经省政府批准，全县 11 个公社改为乡（镇）人民政府。其中：城关、西社、化峪、翟店、清河为镇政府，太阳、修善、蔡村、下迪、杨赵为乡政府。192 个生产大队改为村民委员会，1157 个生产队改居民组。

1984 年 9 月 5 日至 9 日，稷山县第八届人民代表大会第一次会议在县城召开。会议选举南汉文为县人大常委会主任，李晓光为县长，樊项友为县人民法院院长，刘英为县人民检察院检察长。

1984 年 9 月 5 日至 9 日，政协稷山县第五届委员会第一次会议在县城召开，选举郑国盛为县政协专职主席。

1984 年 10 月，副县长贺世俊、邓吉星在山西省国内经济洽谈会上与外省签订两个协议，武汉市煤炭公司投资 500 万元在稷山兴建洗煤厂，江苏省邗县投资电机厂 200 万元，联合生产节能电风扇。

1985 年 4 月，原稷山县县长、成都军区司令员陈捷弟及原二一二旅老干部苏志乾、马大锋、段文保、杜甫、王怀仁、贾坤南到他们 45 年前战斗、工作过的稷山回访，受到县委、县政府领导的热情接待。

1985 年 6 月 19 日下午 3 时 50 分至 4 时 30 分，中共

中央总书记胡耀邦及中央有关部门负责人在山西省委书记李立功及中共运城地委书记扆耀光陪同下到稷山视察。胡耀邦听取了中共稷山县委的工作汇报并同县委常委、副县长、人大、政协主要负责人一起座谈合影并欣然题词：开拓前进，努力再翻番！总书记品尝过板枣，给予赞赏。稷山板枣随即被确定为国宴用品。

1985年6月25日12时，侯马至西安铁路全线贯通。处于侯西线东端的稷山，有史以来首通火车。

1985年7月，胡耀邦总书记派中央办公厅解双玉、张玉彬给太阳村送来彩电1台，赠送老书记人参酒及糖块等珍贵礼品。

是年，全县人口257173人，耕地面积578290亩，水浇地面积246356亩，工农业生产总值13434万元，其中工业总产值6504万元，农业总产值6930万元，乡（镇）企业总产值3131万元。财政收入665万元。

1986年至1990年

1986年2月，稷山全县197个村有178个村建立了经济合作社，设立了水利、农科、购销、畜禽、农经各类562个服务组，形成了以县为主体，以乡为桥梁，以村为基础的服务网络。

1986年3月，稷山调频广播电台开播，稷山有线广播站改名"稷山人民广播电台"并举行开播典礼。

是月，稷山县城被省政府命名为"爱国卫生模范县城"，是为五连冠。

1986年12月，国家科委授予杨文水"国家级有突出贡献的中青年专家"称号。

是年，位于稷峰街东端北侧的县人民政府办公楼动工建设，由于资金问题，1993年才投入使用。

1987年1月，稷山县卫星电视地面接收站建成试播，全县95%以上的电视机能直接收看中央一、二台节目。

1987年7月，卫生部长崔月犁到稷山视察后，给县骨髓炎医院题词："发展中医专科，提高临床治疗水平。"同时给太阳村题词："向全国卫生先进单位太阳村学习，提高农村卫生水平。"

1987年8月19日至22日，中国共产党稷山县第六次代表大会在县城召开，会议选举张世贤为中共稷山县委书记，大会报告题为，《坚持四项基本原则，坚持改革开放搞活，全力开创稷山县四化建设新局面》。

1987年8月30日至9月4日，政协稷山县第六届委员会第一次会议在县城召开，会议听取和审议了第五届常委会各项工作报告，列席了县人大九届一次会议。郑国盛获选连任县政协主席。

1987年8月31日至9月4日，稷山县第九届人民代表大会第一次会议在县城召开。会议听取和审议了县人民政府、县人民法院、县人民检察院工作报告，并做出相应的决议，选举南汉文为县人大常委会主任，贺世俊为县长，黄银效为县人民法院院长，魏满家为县人民检察院检察长。

1988年1月，稷山火车站建成投入使用。该站位于县城东北角，稷圣路最北端，是侯西铁路支线的一个县级站。

是月，城关11万伏变电站竣工投产剪彩仪式举行。

附 录

1988年3月，下费汾河大桥动工，次年11月建成通车，总投资33万元，全长108米。

是月，县电业局架设陈家山10千伏线路7.2公里。至此，全县200个行政村227个自然村全部通电。

1988年9月4日，运城地区机井测试工作现场会在稷山召开。水利部农水局机电处处长，山西省水利厅农水处处长张振华，运城行署副专员梁汝涛，地区水利局局长董庆华出席会议。稷山县政府副县长董天亮介绍稷山机井测试改造经验。全县共测试机井829眼，改造机井791眼。

1989年1月，稷山电视差转机调试成功正式播出，频率为34Hz。

1989年4月，稷山县与全国同步实行邮政编码制，稷山邮政编码为043200，并实行标准信封。

1989年11月，翟店镇自筹资金兴建的封闭式服装市场剪彩开业。该市场由群众集资45万元，占地8600多平方米，建有214间门店，面向全国批发服装及辅料。

1989年12月，稷山化肥厂生产的"稷峰"牌碳酸氢铵荣获省优质产品称号。翌年荣获化工部优秀产品称号。

是年，全县财政收入达1213万元，历史上首次突破千万元大关，并连续3年实现收支平衡，略有节余。

是年，稷山粮食总产达10777.1万公斤，比历史最高年1984年的10758万公斤增加19.1万公斤。棉花总产698.7万公斤，亩产78公斤，均高于历史最高年1984年的总产和亩产。中共山西省委和省人民政府授予锦旗两面。

是年，全县共建成各类灌溉工程1493处(眼)，其中，万亩以上高扬程电灌站一处，小型机电电灌站64处，小型水利 14 处。配套机电井 1405 眼，其中深井 485 眼。

1990 年 4 月，运城地区洗煤行业规模最大的洗煤厂稷山洗煤厂建成，一次试车成功。

1990 年 5 月 10 日至 13 日，中国共产党稷山县第七次代表大会召开。会议选举刘合心为中共稷山县委书记，并做出了《关于党要管党、从严治党，努力加强领导班子和基层党组织建设的决议》。

1990 年 5 月 14 日至 19 日，政协稷山县第七届委员会第一次会议在县城召开，会议听取和审议了六届政协各项工作报告，列席了县十届人大一次会议，选举杨天恩为政协专职主席。

1990 年 5 月 15 日至 19 日，稷山县第十届人民代表大会第一次会议在县城召开。会议听取和审议了县人民政府、县人民法院、县人民检察院工作报告，并做出了相应的决议，会议选举白双金为县人大常委会主任，黄金狮为县长，黄银效为县人民法院院长，于波为县人民检察院检察长。

1990 年 7 月，全县第四次人口普查结束，全县共 61864 户 281849 人。

是月，县邮电局首次装备 800 门程控交换机，对县城各主要机关和部分私人用户安装拨号电话。

是年，刘合心、王雪保、舒心编成 4 集电视剧《血夜》（《稷山事件》），再现了平息杜启明反革命暴动的过程。

是年，全县人口 286153 人，耕地面积 577241 亩，水浇地面积 250081 亩。工农业总产值 26757 万元，其中工业总产值 17772 万元，农业总产值 8985 万元。乡（镇）

企业总产值 9106 万元。财政收入 1321 万元。

1991 至 1995 年

1991 年 3 月，县信用联社储蓄存款首次突破亿元大关，达 1.0174 亿元。

1991 年 4 月，县十届人大常委会第七次会议审议通过《关于确定枣树为稷山县县树的决议》。

1991 年 4 月 20 日，中共稷山县委七届三次会议批准通过《稷山县国民经济和社会发展第八个五年计划纲要（草案）》。

1991 年 9 月，县蒲剧团赴省城参加"一周两节"戏剧调演。《关公与貂蝉》一剧在省城太原一举走红，荣获中国第二届民间艺术节金奖。

1991 年 12 月，稷山县人民政府驻太原办事处成立。

1991 年 12 月 29 日，稷山县委七届四次全委（扩大）会议做出《进一步加强农业和农村工作的决定（草案）》。

1992 年 2 月，稷山县被省卫生厅评为爱国卫生一级达标县，荣获锦旗一面。

1991 年 4 月，全县城乡储蓄存款 2.10 亿元，人均储蓄 700 余元。城乡储蓄存款占信贷资金来源的 75.4%。

1991 年 8 月，《稷山县农村宅基地有偿使用实施方案》出台，全县宅基地确权发证工作随即铺开。

1991 年 10 月 16 日，稷山洗煤厂举行投产验收典礼。省煤炭运销总公司总经济师李法庆宣布验收结果。省、地、县有关领导剪彩。

1991年11月17日，稷山热电厂举行奠基仪式。该厂由省电业局、地区电业局和稷山联营投资兴建，装机容量9000千瓦，总投资4017万元。

是月，稷山县国营炼铁厂50立方米炼铁高炉在县城火车站东侧建成投产。工程总投资1356万元。可年产锰铁4万吨，年产值2120万元。

1993年5月，稷山县人民医院从美国进口的麦克640型全身CT机投入使用。

1993年7月15日至16日，中国共产党稷山县第八次代表大会在县城召开，会议选举尚平安为县委书记，并通过了《解放思想、务实创新，为九八年全县达小康而奋斗拼搏》的工作报告。

1993年8月8日至12日，政协稷山县第八届委员会第一次会议在县城召开，会议听取和审议了七届常委会工作报告，列席了县人大十一届一次会议，杨天恩再次当选为县政协主席。

1993年8月9日至13日，稷山县第十一届人民代表大会第一次会议在县城召开，会议听取和审议了县人民政府、县人大常委会、县人民法院、县人民检察院工作报告，并通过相应的决议。选举白双金为县人大常委会主任，黄金狮为县长，黄银效为县人民法院院长，于波为县人民检察院检察长。

1993年8月，稷山板枣被列为山西省七大名枣之首。

1993年9月19日，县城康复街硬化工程举行开工仪式。该街东起振兴路，西至桥北路，全长1142米，宽7米，水泥路面，总投资60万元。

附 录

1993年11月，稷山县人民医院获卫生部"二级甲等医院"称号。

1994年6月23日，稷山县邮电局引进德国西门子公司4000门程控电话交换机，割接开通。

1994年8月5日，稷山县引资1060万元硬化乡（宁）王（亚）线陈家山至四铭碑段公路，工程全长20.8公里。1995年10月竣工通车。

1994年10月7日，佛峪口4位农民集资250万元兴建的佛营公路建成通车。省委书记胡富国出席剪彩并题词。

1994年10月18日，稷山邮电局开通181汉字寻呼、114自动查寻业务。

1994年11月，国务委员陈俊生为稷山农业技术推广中心题词。

1995年3月14日，稷山县人民政府拍卖8830公顷未治理的"四荒"地和233公顷废弃山庄撂荒地。总原则是谁买谁治谁受益，买方必须按《中华人民共和国水土保持法》对所买土地全面规划，综合治理。

1995年3月23日，国务院副总理姜春云在省长孙文盛等陪同下到稷山县视察农业生产。

1995年5月28日，省长孙文盛、副省长王文学率领省政府有关厅局负责人，在地、县领导陪同下，到稷山化峪镇引黄现场办公，解决有关土地问题。

1995年7月11日，中共稷山县委、县人民政府为《稷山县志》新版举行首发式，该书由新华出版社出版。

1995年10月1日，稷山县交通局集资贷款90万元，修善乡投资40万元，县人民政府以奖代补10万元，修建拓宽了修善至闻喜界10公里县级公路。

是年，稷山全县总人口310926人，全县完成国内生产总值4.87亿元，财政收入2528万元。农民人均纯收入1104元，首次突破千元关。

1996年至2000年

1996年3月2日，稷山县委、县人民政府举行城市建设重点工程竣工剪彩仪式。

1996年5月13日至14日，民政部副部长李宝库一行到城关镇民政办公室、西社镇民政办公室、县福利焦化厂和县优抚医院视察。

1996年12月28日，稷山县环城公交车开通。

1997年1月，稷山县信用联社各项存款首次突破2亿元大关。

1997年5月8日，在太阳村举行11万伏太阳变电站奠基仪式。

1997年7月23日，全县十大重大工程之一的水源1号井在西社镇山底村兴建，年底投入使用。

1998年4月28日，稷山县恒泰焦铁实业公司恒泰电厂1号机组正式并网发电。

1998年5月21日，稷峰文化广场改造工程奠基仪式举行。会议由县委副书记董一兵主持，县委书记、县长雷郭堂讲话，城建局局长兰文力介绍稷峰文化广场改造规划设计情况。

1998年6月21日至23日，中国共产党稷山县第九次代表大会在县城召开。会议选举雷郭堂为中共稷山县委书记,会议提出实施"红枣富民""工业强县""科技兴稷"三大战略。

1998年6月26日至30日,政协稷山县第九届委员会第一次会议在县城召开。会议听取和审议了八届政协常委会工作报告,列席了县人大第十一届一次会议,选举孟庆春为县政协主席。

1998年6月27日至7月1日,稷山县第十二届人民代表大会第一次会议在县城召开,会议听取并审议了县人民政府、县人大常委会、县人民法院、县人民检察院工作报告,做出了相应决议,选举荆孔荣为县人大常委会主任,董一兵为县长,杨勤虎为县人民法院院长,董兆庆为县人民检察院检察长。

1998年10月12日,全区冬春农建暨汾河治理动员会在稷山召开。县长董一兵在会上介绍经验和做法。

1998年11月20日,省委书记胡富国、省长孙文盛带领省五套班子领导及省直有关部门领导近百人到县治理汾河现场视察指导治汾工作。

是年,全县农民人均纯收入2140元。

1999年2月,稷山县委、县人民政府举行稷峰文化广场改造、稷峰街东段硬化、县城供水扩建、城南街西段硬化、热电厂2号机组等重点工程竣工剪彩仪式。

1999年4月22日至24日,稷山县通过省地农村小康建设达标验收团考核验收。

1999年10月30日,稷山县城稷峰街西段硬化工程开工,年底竣工。

1999年11月16日,110千伏上费变电站建设工程开工，2000年6月投入使用。

2000年9月18日，在山东乐陵举行的全国红枣交易会上，稷山板枣再次被评为金奖产品。国家林业局命名稷山县为"中国名特优经济林之乡"。

是年，稷山全县总人口324812人，耕地面积585000亩，水浇地面积251500亩，国内生产总值8亿元，财政收入6803万元。

2001年至2005年

2001年3月25日，省委书记田成平到稷山调研。

2001年3月29日，稷山全县12个乡（镇）合并为7个，原城关镇更名为稷峰镇，下迪乡、管村乡、杨赵镇合并到稷峰镇。路村乡合并到化峪镇，修善乡合并到太阳乡。西社镇、翟店镇、蔡村乡、清河镇区划不变。

2001年5月26日，国务院颁布第五批全国重点文物保护单位，稷山县青龙寺、宋金墓群名列其中。

2001年6月3日，国家投资1270万元在稷山兴建的2500万公斤中央粮食储备库举行开工奠基仪式。

2001年7月16日，稷圣路开工奠基，工程总投资279万元。10月21日竣工通车。

2001年9月6日，桥北路南段工程全面竣工，总投资65万元，此路是县工业园区的交通要道。

2001年10月，在全省第一届水果、蔬菜展销会上，县农业局选送的红提葡萄获金奖。

2001年12月16日，县级机构改革开始。合并20个单位，取消16个单位，17个行政单位整体划转为事业、

附 录

企业单位。

2002年2月27日，东方铁合金公司奠基开工，2003年6月30日锰铁炉投产。

2002年3月19日，后稷街拆迁工程动工，7月3日硬化竣工。

2002年7月18日，稷山县青龙寺至宋金墓群旅游路开工奠基仪式在吴城村东举行。

2002年9月16日，首届"中国·稷山板枣、红提葡萄展销会"在金龙大道广场开幕。市委书记黄有泉，中央财经领导小组副组长王石奇，省农业厅厅长杨文宪及其他市县领导，部分大专院校和研究所的专家学者，稷山籍在外工作人员及来自全国各地的客商出席开幕式。著名小品演员潘长江，演员小香玉、王艺华等参加演出。洽谈会共达成意向21个，签订合同15份，成交红枣7.5万公斤，金额450万元；蜜枣、果脯、贡枣1150万公斤，金额4690万元；纸箱63万吨，金额11万元；彩印包装箱6万只，金额17.1万元。商贸洽谈会成交总额5473万元。

2002年9月27日，稷山县大佛寺修缮工程启动，2003年10月29日一期工程竣工。

是月，稷山县通信公司举行县人民政府信息港开通暨县人民政府网站建成揭牌仪式。

2003年3月，汾南扬水工程管理局投资295万修建的汾河稷山段橡胶坝工程竣工并投入使用。

2003年5月31日，"小灵通"业务在稷山开通。

2003年6月30日，省长刘振华到稷山县调研民营企业、旅游、教育等工作。

2003年8月20日至22日,中国共产党稷山县第十次代表大会在县城召开,会议选举王琦为县委书记,讨论通过了王琦的报告《高举"三个代表"重要思想伟大旗帜,万众一心共谋发展,全力创新,为全面建成小康社会而奋斗》。

2003年8月25日至28日,政协稷山县第十届委员会第一次会议在县城召开,会议听取和审议了九届政协常委会工作报告,列席了县十三届人大常委会,选举马卯录为县政协主席。

2003年8月26日至29日,稷山县第十三届人民代表大会第一次会议在县城召开,会议听取并审议了县人民政府、县人大常委会、县人民法院、县人民检察院工作报告,并作出相应决议,选举郭崇学为县人大常委会主任,李润山为县长,韩建国为县人民法院院长,毛毓登为县人民检察院检察长。

2003年12月28日,稷山县中天出租汽车有限公司运营剪彩仪式在稷峰文化广场举行。

2004年3月15日,县公安局110报警服务台与119火警、122交通事故报警台提前25天率先在全市统一使用110报警特服号码。

2004年4月2日,稷峰街扩建工程开工,9月2日竣工通车。

2004年4月24日,大红楼宾馆开业庆典仪式在县粮食局举行,市级饭店评审委员会负责人宣布大红楼被评为三星级宾馆。

2004年5月11日凌晨,山西省重点文物保护单位稷山县大佛寺失火，屋顶塌落，大佛无恙，系雷击所致。

2004年6月21日，全长12公里的管化线西社—化峪段改造工程经过87天施工，提前3天完成铺油任务。

2004年7月26日，总投资180万元的大佛寺修建工程开工，2005年2月26日竣工。

2005年1月5日，大佛路建设工程启动。全长1000米，宽70米，涉及拆迁165户居民和4个单位，总面积2.6万平方米。2006年11月竣工。

2005年6月25日，姚奠中艺术馆及姚门弟子书法作品陈列馆开馆仪式在稷王庙举行。

2005年8月5日，稷山县被确定为全国测土配方试点县。

是月，县慈善总会和光彩事业民企助学第一批贫困大学生助学金发放仪式在政协三楼会议室举行。全县首批180名贫困大学生分别领到3000元或2000元的助学金。

是年，全县人口330035人，全县国内生产总值21.06亿元。财政收入2.18亿元，首次突破2亿元大关。

2006年至2010年

2006年1月15日，稷山县委、县人民政府召开的稷山在并人士社会经济发展促进会在太原三晋国际饭店会议中心举行。县委书记李润山、县长乔登州等四大班子领导出席会议。同时稷山在并人士社会经济发展促进会宣告成立。

是月，县安福艺校表演的"稷山高台花鼓"应邀赴京参加中央电视台新闻频道《春节大联欢》特别节目拍摄录制，正月初五在央视新闻频道播出。

2006年2月12日，稷山"高跷走兽"和"高台花鼓"入选中国非物质文化遗产保护成果展。

2006年4月29日，稷山县举行108国道改扩建工程开工仪式。

2006年9月10日，山西丰喜纯碱公司新上项目"三聚氰胺"竣工投产。

2006年12月19日，稷山县获"全国文物工作先进县"称号。

2006年10月，稷山板枣获国家工商总局商标局批准，注册商标为"稷山板枣"。

是年，全县农民人均纯收入3059元，首次突破3000元大关。

2007年1月，稷王中学奠基仪式在城东新区举行。2008年5月竣工。

2007年3月11日，丰喜纯碱公司在精细化工业园区举行万吨密胺工程奠基仪式。投资1500万元，同年投产。

是月，稷峰东街拓通工程、育英街建设工程开工，分别于2007年7月、2008年底建成通车。

2007年5月初，中国共产党稷山县第十一届代表大会在县城召开，会议选举李润山为县委书记。会议讨论通过了"五抓三增一提高"的经济发展战略：农业抓"两红"，企业抓民营，商贸抓销售，基础抓工程，干部抓作风，努力增加财政收入、农民收入和城镇居民收入，不断提高经济运行质量和效益。

附　录

2007年5月10日，稷山县人民医院举行门诊部外科住院综合大楼奠基仪式，2008年6月投入使用。建筑面积1.88万平方米，总投资3800万元。

2007年5月11日至13日，政协稷山县第十一届委员会第一次会议在县城召开，会议听取和审议了上届政协工作报告，列席了县十四届人大一次会议，马卯录当选连任县政协主席。

2007年5月11日至15日，稷山县第十四届人大第一次会议在县城召开，会议听取和审议了县人民政府、县人大常委会、县人民法院、县人民检察院工作报告，并做出了相应的决议，选举郭崇学为县人大常委会主任，乔登州为县长，韩建国为县人民法院院长，毛毓登为县人民检察院检察长。

2007年11月11日，山西省中医研究院附属稷山骨髓炎医院举行揭牌仪式。

2007年11月28日，稷山城市污水处理厂开工奠基仪式在稷峰镇南阳村举行，2008年12月竣工。

2007年12月12日，稷山县天然气通气点火仪式在贾峪村南天然气调气站举行。

2008年2月28日，市委、市政府在运稷一级路过城段稷峰街交接处举行运稷一级路建成通车剪彩仪式。

2008年8月10日，参加北京奥运会开幕仪式前表演的安福艺校高台花鼓表演团载誉归来，稷山县举行欢迎仪式。县委书记李润山、县长乔登州等出席，并为安福艺校颁发演出特别奖50000元。

2008年10月24日，县妇幼院通过二甲医院评审验收,率先成为全市二级甲等妇幼保健院。

2009年1月8日,在太阳乡举行500千伏稷山输变电工程建设启动仪式。

2009年5月8日,县中医院综合住院大楼开工奠基仪式举行。

2009年6月10日,山西东方资源有限公司与新加坡彩虹矿业有限公司在稷山举行股权交接仪式。

是月,稷山县被命名为"中国楹联文化县"。

2009年9月12日,县里在民乐园昆仑岗举办第一届板枣展评会。

2009年9月,稷山县政协举办庆祝中华人民共和国和人民政协成立60周年座谈会,同时举办大型书画展。

2009年10月26日,省长王君对稷山县农业产业化、农产品加工等进行调研。

2009年11月28日,稷山县委、县人民政府及山西永东化工股份有限公司联合召开煤化工和炭黑产业发展研讨会。特邀赵雪飞、李炳彦等8位全国知名专家、教授参加。

是月,在农业部、中国农科院、中国果蔬流通协会等单位联合举办的2009年中国果蔬产业品牌论坛会上,稷山板枣被评为"中国十大名枣"之一,位居榜首。

是月,工商银行稷山支行举行恢复运营挂牌仪式。

2010年5月20日,稷山县举行翟店纸包装文化产业功能区建设启动仪式。

2010年6月24日,稷山县举行垃圾无害化处理场建设开工仪式。

附　录

2010年8月，稷山县举行"四馆一中心"奠基仪式。

2010年12月17日，稷山县举行数字电视开通仪式。

是年，稷山全县人口343852人，其中城镇人口91010人，乡村人口252842人。实现国内生产总值455013万元，其中第一产业实现增加值83424万元，第二产业实现增加值211380万元。第三产业实现增加值160209万元。农业人均纯收入4920元。全县公路通车里程累计725公里。固定电话26530部，手机用户208362部，宽带用户32347户。全县财政收入4.14亿元。

2011年至2018年

2011年1月5日，稷王文化广场开放暨稷王像揭幕仪式在该广场举行。

是月，全县机关事业单位养老保险全面启动会议召开。

是月，翟店镇被省政府授予首批"山西省文化产业示范基地"，全省共16家单位获此殊荣，该镇成为全省唯一一家印刷包装文化产业示范基地。

2011年3月，稷王现代农业示范园举行开工仪式。

是月，稷山县被山西省确定为"残疾人社区康复示范县"。

2011年5月，稷山县举行兴稷大道、振西大街和富强街道路建设开工奠基仪式。

2011年6月11日至13日，中国共产党稷山县第十二次代表大会在县城召开，会议选举乔登州为县委书记，讨论通过了大力实施"733"转型、跨越发展战略：做强七大支柱产业、构建三大主功能区、建设三大特色基地。

2011年6月20日至24日,政协稷山县第十二届委员会在县城召开,会议听取和审议了上届政协工作报告,列席了县十五届人大一次会议,选举高吉华为县政协主席。

2011年6月21日至25日,稷山县第十五届人大第一次会议在县城召开,会议听取和审议了县人民政府、县人大常委会、县人民法院、县人民检察院工作报告,并做出了相应的决议,选举郭崇学为县人大常委会主任,李亚丽为县长,徐社峰为县人民法院院长,鲁双良为县人民检察院检察长。

2011年8月6日,中国稷山翟店首届纸包装产业展销会举行。

2012年3月9日,县晋龙集团均和100万只蛋鸡养殖、滨河公园一期建设、森森包装1亿平方米5层瓦楞纸生产线、秦晋电力铁合金2×12MW生物质发电、西社工业园区供水管网、化峪镇阳平等6村基本农田整理6个重点项目同时开工。

2012年4月29日,稷山县委、县人民政府举行永东化工4万吨针状焦项目、晋龙集团科技园项目、县公安局业务技术用房项目、稷山汽车客运中心站项目4个重点项目开工仪式。

2012年5月27日,"运城人游运城"稷山启动仪式在稷王文化广场举行。

2012年6月29日,稷山康宁护理院举行开工奠基仪式。

是月,稷山县农村信用联社存款突破20亿元庆典仪

附　录

式举行。

2012年8月10日，全国政协副主席、民革中央第一副主席、著名经济学家厉无畏到稷山县就旅游、文化、农业、城建等产业发展视察指导。

是月，卫生部召开2012年农村癫痫防治管理项目业务培训会，稷山县被卫生部确定为2012年全国18个省34个农村癫痫防治项目县市之一。

2012年10月9日，阳煤丰喜集团稷山分公司氨醇优化及新增6万吨合成氨产能工程竣工投产剪彩仪式举行。

2013年6月20日，稷山县远程医疗会诊中心揭牌暨开通仪式在县人民医院举行。

2013年8月15日，稷山县委、县人民政府举行稷王幼儿园建设和五谷石生态农业发展有限公司生态养殖两个重点工程开工奠基仪式。

2013年9月6日，稷山县人民政府与山西阳煤丰喜集团战略合作框架协议签约暨阳煤丰喜联产6.5吨LNG项目开工仪式在西社工业园区举行。

是月，山西稷山第四届板枣科技文化活动周签约仪式举行，签约金额1.28亿元。

是月，中央电视台《乡约》栏目组在城郊万亩板枣观光示范园观景台前广场录制节目，县长李亚丽全面推介了后稷故里、板枣之乡的人文神韵与风采。

2014年1月6日，稷山县各界人士举行姚奠中先生追思会。国学大师、教育家、书法家姚奠中先生于2013年12月27日5时50分在山西太原逝世，享年101岁。

2014年5月14日，稷山县举行2014年金融工作会暨政银企项目融资对接活动周启动仪式。经过洽谈，共有23家企业与7家金融部门达成项目融资对接意向，签约金额14.6亿元。

是月，中国佛教协会副秘书长张琳，中国佛教协会副秘书长、北京灵光寺方丈常藏法师带领联想集团、北京合通启通信公司、北京银德科技发展公司等9大企业高管一行16人，到县就大佛寺景区建区，麻花、饼子、板枣、仿古螺钿等特色产业及城建、民生等工作进行考察。

2014年7月27日，县人民政府与北京灵光寺建设稷山大佛文化园合作协议签字仪式在北京灵光寺客厅举行。

2015年1月11日，由农民艺术家苏安福稷山鼓文化发展中心团队打造的全国第一部反映后稷教民稼穑、培植五谷的大型情景史诗鼓舞剧《农祖稷风》在县"四馆一中心"首场演出。这是继稷山县国家级非物质文化遗产"稷山高台花鼓"享誉全国之后打造的又一精品力作。

2015年3月7日，稷山县华明光伏农业大棚发电项目开工。该项目占地面积420亩，新建大棚150个，棚顶安装10兆瓦太阳能发电组件，总投资1亿元。投产后年发电1400万度，产值1400万元。

2015年4月15日，新编大型清代历史剧《枣儿谣》在稷山县文化活动中心演出，社会各界1000余人观看。该剧讲述了清康熙年间稷山县吴城村人吴绍先万里寻弟的感人故事，讴歌了主人公超越常人的大无畏精神，对弘扬中华传统道德文化，传播社会正能量具有重要意义。

2015年5月19日，山西永东化工股份有限公司在深圳证券交易所挂牌上市。市长王清宪、市政协主席柴林山，

附　录

县委书记乔登州等出席挂牌仪式。

2015年7月12日，稷山大佛文化园建设项目开工奠基仪式举行。

2016年1月11日，山西省首食农业产品开发有限公司和山西原味食品有限公司工程项目在翟店工业园区竣工，开始试生产。

是日，山西同辉新能源稷山县生物质发电项目第一机组并网发电。

2016年6月1日，稷山县在城郊万亩板枣观光示范园观景台前举行"枣花香、稷山美"2016旅游活动周启动仪式。

是月，海上丝路山西稷山中斯（斯里兰卡）友好文化交流活动举行。通过共建友好寺院、开辟中斯友好板枣园、共同探讨传承非遗文化达成缔结友好县市意向，推进经贸合作。

2016年8月20日至22日，中国共产党稷山县第十三次代表大会在县城召开，会议选举廉广锋为县委书记，讨论通过了"一产提品质创品牌、二产促升级增效益、三产挖潜力壮规模"的发展思路和创建"四基地一名城"（全国板枣产业基地，省级新型煤化工产业基地，中西部包装印刷文化产业基地，区域医疗大健康产业基地，稷王文化名城）的发展战略。

2016年8月24日至28日，政协稷山县第十三届委员会第一次会议在县城召开，会议听取和审议了上届政协工作报告，列席了县十六届人大一次会议，赵高云获选连任县政协主席。

2016年8月25日至29日,稷山县第十六届人大第一次会议在县城召开,会议听取和审议了县人民政府、县人大常委会、县人民法院、县人民检察院工作报告,并做出了相应的决议,选举王钊为县人大常委会主任,吴宣为县长,李刚孝为县人民法院院长,卫梅生为县人民检察院检察长。

2016年8月28日,山西永祥煤焦集团有限公司投资2.6亿元的二期65万吨焦化项目正式投产。项目投产后,每年入洗原煤260万吨,生产优质冶金焦130万吨,煤焦油6.17万吨,硫氨1.6万吨,硫黄0.3万吨,粗苯1.8万吨,年销售总额可达10亿元,税利总额超亿元。

2016年11月16日,稷山县正身医院被中国中西医结合学会烧伤专业委员会命名为"山西稷山正身医院再生医疗烧伤网点医院"。

2017年5月27日,中韩文化交流暨祈福世界和平活动在大佛寺举行。中国佛教协会副秘书长、北京灵光寺方丈常藏和尚,韩国太古宗、安心精舍主持法眼法师及代表团成员和有关领导出席活动。

2017年8月29至30日晚,由县蒲剧团编演的《党的女儿》,作为山西省首届艺术节暨第十五届全省"杏花奖"参评剧目在太原工人文化宫演出,受到有关领导、专家和广大观众好评。

2017年10月10日,由省工商联主办、民生银行太原分行承办的"2017山西民营企业100强"发布会在太原召开。稷山东方资源发展有限公司名列全省民营企业100强第21位,全省民企制造业20强第19位。

附　录

2017年11月21日，稷山县被命名为"山西省食品安全示范县"。

2018年3月20日，稷山县中医院与运城市第一医院组建联合体医院揭牌仪式举行。

2018年4月10日，稷山县人民医院被省卫计委评审核定为三级综合医院。

2018年4月27日，国务院原参事王石奇带领国务院参事、特邀研究员刘奇，联合国世界旅游组织中国专家组成员、中国社区发展协会特色小镇专委会主任潘建明，三晋文化研究会常务会长王水成等6名专家学者，先后到太阳乡下王尹村、稷王山一带、稷王庙、大佛寺等地，就后稷农耕文化进行考察并召开座谈会。

2018年5月10日，山西诺博科技有限公司4万吨萘法制苯酐项目开工仪式举行。

是日，山西晋龙养殖股份有限公司在全国中小企业股份转让系统第1283期新三板挂牌上市。市委常委、常务副市长陈杰，县委书记廉广锋，县委常委、副县长费克仁参加挂牌仪式。

2018年6月7日，由乌拉圭、德国、南非、智利、巴基斯坦、越南、日本、老挝、斯里兰卡、澳大利亚10个国家的驻华使节组成的"走进中国林业　外国使节看三北"考察团，在国家林业和草原局副局长彭有冬、国家林业局三北局局长张炜、省林业厅厅长任建中、省造林局局长刘增光陪同下，到稷山红枣文化园考察三北防护林建设工程和古树名木保护工作。市长朱鹏、副市长崔元斌、县委书记廉广锋、县长吴宣、副县长史志国等市县领导陪同考察。

是年,稷山全县人口 36.33 万人,其中城镇人口 15.37 万人,乡村人口 20.96 万人。实现国内生产总值 92.93 亿元。城镇居民人均可支配收入 2.7 万元,农民人均可支配收入 1.1 万元。全县财政收入 5.02 亿元。

二、稷山县老区建设促进会简介

一、稷山县革命老区分布状况

2011 年前由第一、二届县老促会确认的稷山革命老区村为 53 个,老区乡(镇)6 个(时指含有老区村的乡镇),当时还没"五类"老区村的提法。

2011 年 5 月,根据全国老促会和省市老促会《关于革命老区情况调研方案》,县第三届老促会利用近两个月的时间,分 3 组对稷山县革命老区情况全面深入摸底调查。根据上级规定的老区村、"五类"老区村(首次提出)、老区乡(镇)划分标准严格审核,最后确认稷山革命老区村 67 个,占全县行政村总数的 33.3%,其中:

稷峰镇 27 个

西街村	东街村	南街村	西北街村	东北街村
南阳村	马家巷村	桐下村	吴城村	富乐村
杨赵村	下费村	下廉村	武城村	涧东村
东渠村	下柏村	永宁村	下迪村	和合村
姚家庄村	史册村	阳史村	马 村	太杜村
荆平村	苑曲村			

附　录

太阳乡 17 个

修善村　东里村　西里村　太阳村　小阳村
董家庄村　东王村　西王村　北王村　三坡村
杨家庄村　下王尹村　上王尹村　刘家坪村　长岭村
石佛沟村　坞堆村

西社镇 7 个

马家沟村　沙沟村　白坡村　高渠村　山底村
西社村　仁义村

化峪镇 6 个

邢堡村　付家庄村　化峪镇村　化峪村　东段村
路　村

翟店镇 6 个

翟东村　翟西村　西位村　西小宁村　南翟村
东大有村

蔡村乡 1 个

坑东村

清河镇 3 个

清河村　北阳城村　上费村

五类老区村 30 个，占全县老区村总数的 42.4%：

稷峰镇 10 个

西街村　东街村　　南街村　　西北街村　东北街村
南阳村　马家巷村　桐下村　　吴城村　　富乐村

太阳乡 5 个

修善村　石佛沟村　长岭村　刘家坪村　下王尹村

西社镇 5 个

马家沟村　白坡村　山底村　沙沟村　高渠村

化峪镇 3 个

邢堡村　付家庄村　化峪镇村

翟店镇 3 个

翟东村　翟西村　西小宁村

蔡村乡 1 个

坑东村

清河镇 3 个

清河村　北阳城村　上费村

老区乡（镇）3 个　稷峰镇　西社镇　太阳乡，占全县乡（镇）总数的 42.8%。

老区总面积 420 平方公里，占全县总面积的 61.2%；老区总人口 206360 人，占全县总人口的 60%。

附　录

二、稷山县老区建设促进会机构沿革

稷山县老促会成立于 1997 年 8 月，中间历经 3 次换届选举，现为第四届，其机构沿革情况是：

稷山县老促会第一届理事会
（1997.8—2004.4）
　　会　　　长：段守福
　　副 会 长：巩玉发　王震煌　薛石燕
　　秘 书 长：冯孝良
　　副秘书长：张金虎
　　理　　　事：17 人

稷山县老促会第二届理事会
（2004.4—2008.8）
　　会　　　长：杨山虎
　　常务副会长：徐水泉
　　副 会 长：张祥云　崔兆荣　赵克山
　　秘 书 长：张金虎　宁光祖
　　副秘书长：任民杰
　　常务理事：11 人
　　理　　　事：34 人
　　理事单位：32 个

稷山县老促会第三届理事会

（2008.8—2017.11）

会　　　长：杨山虎

常务副会长：徐水泉

副 会 长：赵克山　苏真明　刘玉虎　卫克斌

　　　　　　李立功　刘学珍　姚银果

秘 书 长：宁光祖　黄凤山

常务理事：14人

理　　事：66人

理事单位：35个

稷山县老促会第四届理事会

（2017.11—　　　　）

会　　长：郭崇学

副 会 长：徐水泉　黄伟祖　辛启成　刘学珍

秘 书 长：薛德庆

副秘书长：黄凤山

常务理事：22人

理事单位：69个

三、稷山县老区建设促进会工作简述

近20多年特别是党的十八大以来，稷山县老促会在中共稷山县委、县人民政府的正确领导和大力支持下，坚持以习近平新时代中国特色社会主义思想为指引，牢牢把握面向老区、关注老区、服务老区的正确方向，紧紧围绕"建小康社会、促老区发展"的奋斗目标，开拓创新，扎实工作，为革命老区的经济发展社会进步付出了艰辛努力，做出了突出贡献。

1. 大力宣传革命老区，着力营造热爱老区、关心老区、助力老区的浓厚社会氛围

为了让更多人认识老区、了解老区，并积极投身到促进老区发展的行列中来，稷山县历届老促会坚持把宣传老区与革命传统教育、访贫问寒、节日慰问等有机结合起来，紧密结合党的中心工作，适时开展"革命老区宣传月""文化医疗进老区""情系老区、献爱心送温暖"等灵活多样的宣传活动。广泛动员和组织社会各界人士深入老区，了解老区、服务老区，为促进老区发展贡献力量。

20多年来，累计组织各种活动50余次，参与者1000余人次，受教育群众3万余人次，为老区贫困户、老党员、学校、学生送去各种慰问品、慰问金、教学设施、学习用具等总价值30余万元。为了使全社会对稷山革命老区有一个完整系统的了解和认识，稷山县老促会第二届理事会还在深入调查研究基础上，编写出版了42万字的大型专著《稷山革命老区》，填补了历史空白。同时于2011年建党90周年前夕为全国老促会提供了3部稷山革命斗争史料，这些史料后来全部载入全国老促会主编的《在党的旗帜下》大型革命历史文献库，把稷山革命老区推向了全国。

2. 深入基层，专题调研，着力破解制约老区发展的瓶颈性问题

深入实际调查研究，经常了解老区人民的所思所想，及时向县委、县政府反映老区建设和发展中所遇到的困难和问题，这既是老促会履职的重要形式，也是党和政府加强与老区沟通交流的重要通道。20多年来，稷山县历届老促会坚持每年至少围绕一个专题组织一次专题调研活动，内容包括"革命老区分布状况""红色资源分布状况""惠农政策在老区实施状况""五类老区村经济社会发展状况"以及革命老区"行路难""就医难""升学难"等事关老区发展和民生福祉的各个方面。

据统计，20年间历届老促会累计组织各类调研活动30余次，涉及老区村33个，形成各类调研报告及总结材料50余件，向各级党委、政府提供各种合理化建议90余条。为了把合理化意见建议落到实处，老促会不断强化调研成果的转化，实实在在为老区人民办了一些实事，解决了不少难事。

3. 点面结合，协调推进，着力推动包联单位快速发展

一个时期选择一个较为贫困的老区村作为县老促会的联系点重点帮扶，是实现老促会工作由点到面整体推进的有效方法。稷山县老促会成立以来，先后把太阳乡长岭村、刘家坪村、石佛沟村确定为重点帮扶单位，积极动员和组织社会各界力量为这些村的经济和社会发展助力，使这些昔日极度贫困的小山村在较短时间内摘掉了贫困村帽子。比如石佛沟村，这些年来在支委、村委的坚强领导下，在社会各界的大力支持下，基础设施明显改善，村容村貌大为改观，主导产业有了很大发展。目前石佛沟村已栽植核桃树300亩、山楂树100亩，经济林面积占到总耕地面积的三分之二，人均1亩经济林。另外，全村还有10多户从事养殖业，30多人外出务工。截至2017年全村人均纯收入已达3000余元，基本实现了小康目标。

4. 加强学习，改进作风，不断提高老促会自身建设水平

稷山县老促会成立以来，始终坚持以马列主义、毛泽东思想、邓小平理论、"三个代表"重要思想、科学发展观以及习近平新时代中国特色社会主义思想为指导，以创建"学习型""服务型""奉献型"社团组织为目标，以思想建设和作风建设为重点，不断加强自身建设力度。

组织建设方面，顺应形势发展需要，适时调整和充实组成人员，把那些年富力强、乐于吃苦奉献的各界志士仁人吸收到老促会队伍中来，使老促会永远保持生机和活力。

思想建设方面，自觉用马克思主义中国化的最新成果武装头脑，指导实践，推进工作。坚定理想信念，坚持"四个自信"，牢固树立"四个意识"，始终在思想上、政治上、行动上同党中央保持高度一致。

作风建设方面，认真学习和贯彻党中央关于"从严治党"的各项要求，坚持不懈反对"四风"，持续深入改进作风，基本做到了淡泊名利，两袖清风，勤勤恳恳为党的事业尽责，干干净净为老区人民做事。

后 记

编写《稷山县革命老区发展史》，是中国老区建设促进会安排的一项重要任务，也是县老促会第四届理事会工作的重中之重。

《稷山县革命老区发展史》的编写，始终得到中共稷山县委、县政府的高度重视，得到各相关单位领导的大力支持。具体编写上，得到了上级老促会的悉心指导。理事会班子成员按照编委会拟定的编写大纲，分解章节，上门入户收集资料，深入实地现场考证，夜以继日伏案奋笔，集思广益去粗取精，认真仔细修改完善，历时两年多，《稷山县革命老区发展史》终于成稿送审。

《稷山县革命老区发展史》的编写，坚持以习近平新时代中国特色社会主义思想为指导，以中共中央《关于建国以来党的若干历史问题的决议》《中国共产党的九十年》以及稷山县在各个历史时期发展史料为基本依据，坚持辩证唯物主义和历史唯物主义的观点，以史为据，科学严谨，力求准确记述稷山革命老区在战争年代和社会主义建设时期、改革开放时期及走进新时代的整体风貌，力争为阅读者奉献一部有质有形、可信可读的稷山发展简史，发挥

后　记

以史鉴今、资政育人的重要作用。

由于时间跨度长,资料收集难,加之编纂者均为本届县老促会的老同志,学识水平所限,虽已付出了努力,但书中不当、不全、纰漏和讹误之处,在所难免,恳请阅读者不吝指正,以便将来修正、充实和完善。

2021 年 8 月